长沙理工大学学术著作出版资助

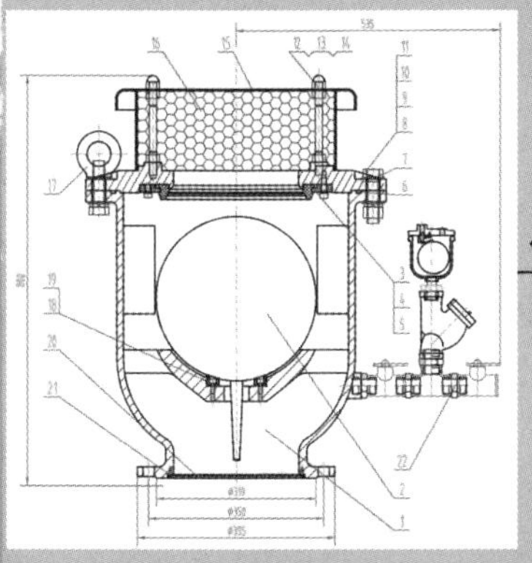

吸排气阀与输水管道水锤控制

李志鹏 喻哲钦 张程钞 张 明
廖志芳 王东福 张继伟 谢 科◇著

XIPAIQIFA YU SHUSHUIGUANDAO SHUICHUI KONGZHI

CNS PUBLISHING & MEDIA 湖南科学技术出版社

图书在版编目（C I P）数据

吸排气阀与输水管道水锤控制 / 李志鹏等著. —长沙 ： 湖南科学技术出版社，2021.9
ISBN 978-7-5710-1209-0

Ⅰ. ①吸… Ⅱ. ①李… Ⅲ. ①空气阀－控制②输水管道－水锤－控制 Ⅳ. ①TH134②TV672

中国版本图书馆 CIP 数据核字(2021)第 179731 号

XIPAI QIFA YU SHUSHUI GUANDAO SHUICHUI KONGZHI

吸排气阀与输水管道水锤控制

著　　者：李志鹏　喻哲钦　张程超　张　明　廖志芳　王东福　张继伟　谢　科
出 版 人：潘晓山
责任编辑：杨　林
出版发行：湖南科学技术出版社
社　　址：湖南省长沙市开福区芙蓉中路一段 416 号泊富国际金融中心 40 楼
　　　　　http://www.hnstp.com
湖南科学技术出版社天猫旗舰店网址：http://hnkjcbs.tmall.com
邮购联系：本社直销科 0731-84375808
印　　刷：湖南省众鑫印务有限公司
（印装质量问题请直接与本厂联系）
厂　　址：长沙县榔梨镇保家村
邮　　编：410000
出版日期：2021 年 9 月第 1 版
印　　次：2021 年 9 月第 1 次印刷
开　　本：710mm×1000mm　1/16
印　　张：12
字　　数：209 千字
书　　号：ISBN 978-7-5710-1209-0
定　　价：78.00 元

前言

随着社会经济的发展，人民生活用水和工业用水的需求量日益增长。我国水资源相对贫乏，并且水资源的区域分布不均。为了解决水资源的供需矛盾，促进水资源的合理运用，修建跨流域、跨地区长距离输水工程是解决水资源优化配置的重要途径之一；这也对输水管路与相关阀门设备提出了更高要求与挑战。

长距离输水管道大多沿地表铺设，并随地形起伏变化。在管道系统充水、放水和正常运行时，管道中的水因为含气而呈多流态变化。管道系统在阀门启闭或事故停泵工况下，容易导致管道压力剧烈波动交替变化，形成水锤。水锤对水泵机组和管道系统的危害非常大，水锤的瞬变正压，容易导致管道破裂、设备损坏、输水中断等事故；而瞬变负压则会造成管道瘪塌、通流面积减少、供水能耗增加等经济损失。在管道的凸起部位发生水锤时，当压力降低至水汽化压力，会形成气穴产生水柱分离现象；当两端水柱再弥合时，形成弥合性水锤，极易造成爆管停水。

吸排气阀在输水管道的水锤防护中起到主要作用，根据管道工作压力的变化用来及时地进气和排气，维持管道压力的平衡。吸排气阀具有结构简单、投资少、安装方便、不受地理因素限制等优点。但吸排气阀选型和安装位置不当，会在快速排气等事故情况下，使管道内的压力有较大的瞬间上升，不利于输水管道的安全。同时，吸排气阀浮球的吹堵和压瘪引起的事故在工程中很普遍；特别是在输送管线较长，坡度较大的输送系统中，常常出现因吸排气阀压力过大时，浮球出现被挤压变形导致吸排气阀失效，严重时会导致输送管线系统崩溃。因此，研究吸排气阀的内部结构及相关特性参数，对吸排气阀的浮球与浮筒结构进行研究，让吸排气阀能够更加安全、稳定地运行，对保证供水系统的安全具有重要的现实意义。

全书共分 11 章，主要内容包括吸排气阀典型结构与设计理论、吸排气阀的吹堵特性、浮球与浮筒结构、高压与低压工况下的浮球与浮筒受力计算和分析、吸排气外特性实验，以及吸排气阀在泵能供水管路和重力流供水管路中的应用分析等内容。

本书为著者集体多年研究成果撰写而成，其中喻哲钦负责了第1章、第2章、第9章、第11章撰写；除书中列出的著者外，朱慈东、徐放参与了第9章、第10章计算分析，彭林参与了第8章试验装置设计与安装调试运行工作，王东福、王荣辉参与了第2章结构设计分析及第8章试验装置结构设计分析、安装调试相关工作。本书参考和引用了有关作者和单位的相关文献资料，在此深表谢意！

由于笔者水平有限，经验不足，书中难免存有纰漏和不足之处，敬请批评指正。

作　者

2021年5月

目　录

1 绪 论

1.1 长距离输水工程背景概况

水是人类生存和发展的基础，供水状况影响着社会经济的可持续发展。近年来，我国在水资源的开发、利用、配置、节约、保护和管理方面取得了显著成绩，然而基于我国的基本国情，我国的水生态恶化和水资源短缺等问题较为严重，其中我国的人口众多、水资源分布不均以及水资源缺少，成了我国经济社会可持续发展的重要障碍。我国水资源所面临的问题主要体现在以下三个方面。第一，我国水资源空间分布十分不均匀。由于我国的人口密度和总供水量都呈现南多北少的现象，这就导致了我国的人均用水量总体上分布是随着西北向东南逐渐减小。然而，总供水量的空间分布与总用水量的空间分布是一致的。自改革开放以来，中国的人口往往集中在自然条件较好的地区，如盆地、平原、河流和沿海地区。随着时间的变化，这种聚集趋势继续加强。总体而言，人口分布密度从西北向东南逐渐由稀疏向密集变化[1]。第二，我国河流绵绵不断，从一个城市流经另一个城市，其中一个阶段受到污染都会影响到后面的河流，由于大量未处理的水随处排放，每年的排放量约为 2000 亿吨，据统计每年有 90%河流都被污染，以及 75%的湖泊受到污染导致变得越来越富营养化，因此南方地区的水资源是因为污染而导致的水质性缺水。第三，水生态环境破坏严重。为了稳定经济社会发展，解决环境问题，避免供水区与供水区之间的供水不一致，必须完善水资源横向生态补偿机制，完善受水区对供水区的补偿政策，促进生态可持续发展[2]。

随着社会生产与生活的不断进步，需水量也在不断增加，自 1900 年至其后 75 年期间，世界范围内的农业用水量增长 7 倍，工业用水量增长达到 20 倍，随着时间推移，用水量依旧保持着每年 4%～8%的快速增长，淡水供需矛盾也越发严重[3]，自中国步入工业化进程后，对于水资源的需求量也越来越大。我国地域辽阔，水资源总量丰富[4]，约为 30000 亿 m^3，位于世界前列，但是人均水资源仅为2100m³，只有世界人均水量的1/4，全国2/3的城市存在用水紧张或供水不足的问题。水资源在地域分布上也呈现着明显的不均匀性，长江流域水资源量占全国的81%，长江流域以北地区，水资源量仅占全国的19%[5]。水污染严重的问题也对水资源造成了巨大压力，根据水利部的数据，我国118个城市中，有97%的地下水资源污染严重，64%饮用水水源为地下水源的城市中受到严重污染[6]，同时被污染的城市水域达到90%[7]。中国农村超过60%是因为非自然因素而导致饮用水质不达标[8]。因此，为了使人民生产生活不受影响，使用合理可行的供水措施进行水资源的配置，具有非常重要的意义。

纵观人类长距离输水工程的发展历史，中国是最先修建跨流域引水工程的国家之一，早在公元前486年修建的邗沟工程是有史记载最早的调水工程；邗沟是联系长江和淮河的古运河，是春秋时期吴国在扬州附近所开凿了一条沟通长江和淮河的运河，并在唐代和宋代得到不断扩大，促进了区域交通、农业与经济发展。目前，世界上有超过40个国家已经建设了输水工程，如美国中央犹他工程、加拿大基马诺工程、印度甘地纳哈工程、埃及新河谷工程等。现今，国内许多地区周边水源已经不能满足日常需求，因此使用和建设长距离、跨流域的供水工程是解决用水需求的有效方式[9]。长距离供水工程得到了快速发展，多项工程的完工缓解了许多地区的用水压力，给当地人民的生活和生产活动提供了保障。我国已经建成并在建的调水工程已经达到较大规模，输水距离达到100km的工程就有10余项[10]。近年来，我国长距离调水引水工程主要有天津引滦工程[11]、大连的引英入连工程[12,13]、内蒙古引黄工程、山东青岛的引黄济青工程以及引黄调水工程[14,15]、山西的引黄入晋工程、青海引大济湟工程、南水北调工程等。长距离供水技术发展，给缺水地区带来便利的同时，也对供水工程的技术提出了更高的要求。

1.2 长距离输水工程中水锤问题

水锤是指在有压力管路中，由于某种外界原因（如阀门突然关闭、水泵机组突然停车）使水的流速突然发生变化，从而引起水击的现象。水锤也称水击，或称流体水力瞬变过程，它是流体的一种非恒定流动，即液体运动中所有空间点处的一切运动要素（流速、动水压强、加速度、密度与切应力等）不仅随空间位置而变，而且随时间而变。当水锤发生时，管道内压力变化较大，从几米到几十米的水柱不等，过大水压会对管道及配套设备产生极大的破坏力，而水锤带来的局部压强过低又会导致输水管道的瘪塌；从而引发水管破裂，阀门漏水，造成供水中断与工程事故，严重危害经济效益与用水安全。

在长距离输水工程中，水锤问题是影响管路安全的重要因素，一旦出现，虽然持续时间并不长，但是由于水锤传播速度快，压力波动剧烈的特点，容易引起极高的升压，同时还可能引起压力急剧下降，产生气化，因此为了维护整个工程的安全，需要解决出现的水锤问题。在管道中由于阀门启闭或事故停泵，引起的管道内压力波动剧烈交替变化的现象，就是水锤[22,23]。水锤压力波动较大时，管内压力降低显著，有可能造成压力变化过大引起水体不再连续，因而出现“水柱分离”的现象[24]。同时在“水柱分离”的位置，两侧压力迅速变化带来水流在此汇合，来自两侧的两股水流由于相互撞击，还会形成具有巨大破坏性的断流弥合水锤。因此水锤的出现会对输水系统的安全造成严重威胁，需要对水锤问题进行有效的控制。

长距离输水工程的安全运行是我国社会经济健康快速发展的重要保障，确保输水管道泵送管路系统的安全是一个需要我们重点考虑的问题。然而，水锤事故在这些输水工程中是很容易发生，一旦发生，将导致水泵和管道破裂，带来不利的影响[25]。由于长距离供水系统管线较长，并且还受到地形等自然条件的限制，当水泵机组在电网事故跳闸以及遭受不可抗力的自然灾害情况时，会引起突发性的事故停泵，从而导致输水管道中出现压力不断波动的水力瞬变现象[10,18]，并且由于输水距离长，在管路的中间部位、局部高点、坡度变化点位置的水柱会被拉断，在此处出现让水体不连续的真空情况，由此引发“水柱分离”的现象[24]；当升压波从远处返回后，由于压力升高导致水汽凝结，两股水流在发生“水柱分离”的地方将会互相撞击，形成巨大破坏性的断流弥合水锤，发生爆管从而导致管道破裂、污染物进入水中污染水体、城镇暂停供水等问题，给人们的生活和经济带来巨大的损失[26]。此外，在输水管道首次充水和正常运行时，都需要将管道中的气体排出，正常供水运行时，水中逸出的气体约为供水流量的 2%，逸出的气体会聚集形成大的气囊若不及时排出，轻则减小水流速度，增加能耗，严重时还会对输水系统的安全稳定运行造成不利影响[27]。因此，对供水系统管道进行水锤分析和控制研究，并且预先制订合理的防护计划，布置必需的水锤防护设备，这对保障输水系统运行的安全性和稳定性，有着重大的作用[28,29]。

现代供水工程普遍具有管线较长、规模较大、投资较高等特点，管路一旦出现事故，不仅经济损失大，同时也会严重影响当地人民的生活，因此整个输水系统的安全是一个必须考虑的问题。水锤是一种水力瞬变现象，在水流稳定流动时，由于外部因素的干扰，水流的压力、流速、密度等参数从某一界面上发生剧烈交替变化，并在管道内进行传播，水流参数不仅随位置发生变化，还随时间变化而不同。水锤在管道中发生时，会引起压力的剧烈波动，压力的急剧上升或下降，会对管道安全造成严重威胁，引发输水事故。在 1995 年 7 月，湖南省长沙市部分城区由于停水导致缺水达到 3 天，这是由于长沙某水泵房的严重水锤事故，给正常居民生活和工业生产造成了影响，同时带来了重大的经济损失[30]。山东潍坊供水公司的某净水厂在 2013 年也是由于泵房出现“水锤”事故，导致市区部分管道停运，全市供水出现异常，对城市正常用水产生了重要影响。因此为了保证输水管线及其设备的安全运行，需要采取合理的方式减小水锤所带来的危害。

输水管路中的水锤问题，目前较为常用的防护方式主要有普通双向调压塔[31,32]、单向调压塔[33,34]、空气罐[35]、吸排气阀等。普通双向调压塔也常称双向调压塔，内部储存一定量的水，当水锤出现时能够及时向管道内注水，防止负压和水柱分离的出现，同时管道中的水也能够流入调压塔内，降低管道中的压力，防止压力过大。单向调压塔是在普通双向调压塔的基础上，在连接输水管路的管道上加装止回阀，使调压塔中的水只能由塔内向管道内单向流动，主要用于负压与水柱分离的防护。尽管调压塔具有很好的水锤防护效果，但是普通双向调压塔通常高度较大，经济性差，对建造环境也有一定要求，单向调压塔主要应用于停泵水锤的防护，对于关阀引起的升压水锤问题防护效果欠佳[39]，同时调压塔还要考虑寒冷地区的防冻问题，使用受到限制[40]。空气罐主要是利用气体的可压缩性，在罐体内将气体和水用部件隔开，输水管道中出现压力下降时，气体将罐体内的水压入管道，当管道内压力升高时，水从管道内进入罐体，将气体压缩，从而达到防护水锤的效果。在实际应用中，空气罐的类型、结构、容积等因素都会对水锤防护效果产生影响，在使用时的初始参数选择计算较为复杂，并且不同位置处安装的空气罐参数受到多种因素共同影响。吸排气阀是输水工程中常用的水锤防护措施，由于其结构和安装简单、经济性好，在进行负压防护时得到了广泛应用，并取得了很好的效果。但是在实际使用过程中，对于吸排气阀类型和尺寸的选用、安装位置和安装规则并不完善，容易造成设备使用不足或者浪费。以上常用的防护措施主要是在水锤产生以后，针对水锤造成的升压或降压进行防护，在安装使用过程中涉及的因素众多，工作量大。水锤本身就是一种物理波动现象，因此具有波的属性，具有产生、传播、反射、干涉直至消失等一系列过程。所以在解决水锤问题时，可以从水锤的本质入手，利用波在传播过程中的独立性和叠加性，通过采取合理的阀门方案，制造人工波源，对管路中的水锤情况进行控制，对保证输水工程的安全稳定具有非常重要的意义。

1.3 吸排气阀的水锤防护应用与国内外研究现状

吸排气阀在管路充排水运行时发挥着重要的作用，可以在输水管路中有效地消除负压。吸排气阀可以使排水过程顺畅和进排气过程稳定，当管道因事故而停泵或者进行检修时，吸排气阀能够充足地吸入气体来降低管路系统的压力变化。吸排气阀是为了排出输水管道内的空气，防止输水管道首次充水以及定期维护之后充水时候的压力波动，通常是安装在各输水管道上和泵站压力水箱的高点。吸排气阀的主要作用是在输水管道的排水阶段从外部吸入空气，避免管道由于真空而造成坍塌，在输水管道的充水阶段排出管道中的空气，防止管道中的空气对供水造成阻碍。吸排气阀的另一个重要功能是防止水锤，水锤会在断电、泵停机等事故情况下导致水柱分离和水柱弥合[41]。当吸排气阀的选型和安装位置不恰当时，在阀门快速排气的状态下，管道内的压力会瞬间发生极大提升，此时会严重危及到输水管路的安全。为了对输水工程中的水锤进行防护，水锤防护设备的使用至关重要，吸排气阀[42,43]、空气罐、调压塔、超压泄压阀等水锤防护设备在各个泵送管道系统广泛的使用，其中吸排气阀在长距离压力输水管道系统中已经是必不可少的设备。因此，研究吸排气阀的内部结构及相关特性参数，对保证供水系统的安全稳定运行具有重要的现实意义。

1.3.1 输水管道的水锤理论

国外对于水锤的研究开始较早，但是由于理论与技术的限制使得发展有限，直到弹性理论、微积分以及各项偏微分方程的求解方法出现，水锤理论才得到了进一步的发展与丰富[53]。意大利工程师门那布勒（Menabrea）利用能量守恒定理，推导得到了水锤波速公式，并对管道关闭以及流体的弹性进行了考虑，奠定了弹性水锤理论的基础。俄国空气动力学家尼克莱·儒科夫斯基（Niocali·Joukowski），采用水锤理论分析结合大量在不同管道中进行水锤实验的结果，提出了茹科夫斯基公式，即最早的直接水锤压强公式，为水锤研究及实际工程中的水锤防护提供了重要指导作用。在随后的时间里，水锤理论和分析方法的研究快速发展，安格斯（Angus）提出“水柱分离”的观点，同时对复杂管路以及分叉管路中的水锤计算进行了研究。美国的流体力学专家斯特里特（V. L. Streeter）发表论文，对利用特征线法[53,54]对水锤方程求解进行了介绍，为后来计算机在水锤求解中的发展提供了基础。斯特里特 V. L. Streeter 和怀利 E. B（E. B. Wylie）共同著作了 *Fluid Transient* 一书，对瞬变流现象出现的原因，变化过程以及如何进行瞬变流现象的防护来保证输水系统的安全进行了介绍[55]。日本教授秋元德三出版专著《水击与压力脉动》，对水锤概念、水锤分类、水锤计算方法以及不同计算边界条件，压力脉动现象等做了详细的介绍[56]，对水锤研究发展产生了重大影响。

在水锤的分析方法上，美国肯塔基大学 Don. J. Wood 教授提出了波特性法（WCM），并在其基础上开发了 Surge2010 软件，在计算精度方面，波特性法与特征线法（MOC）一样具有出色的表现。Abdelaziz Ghodhbani 等[61] 采用波速校正法对水锤公式进行求解，并将其编写为计算机程序，将计算结果与特征线法（MOC）求解得到的结果进行比较，两种方法的结果收敛于同一方案。Sławomir Henclik[62] 在考虑流体与管路结构相互作用下的水锤现象，提出了 WH-FSI 的标准数学模型及其基于 MOC 技术的数值解算法。J. D. Nault 等[63] 对代数水锤（AWH）概念进行研究，其代表了经典的特征方法（MOC）的简化和更紧凑的形式，用于求解非定常压缩加压流动的一维方程，具有很强的可实施性。Apoloniusz Kodura 等[64] 通过实验和模拟对泥浆运送过程中的水锤进行研究，引入等效密度来表示未知参数，由此进行的数值模拟结果理想。在所有实验分析中，计算的压力特征表明与观察结果符合较好。E. YAO 等[65,66] 利用多尺度渐近法，对管道中阀门突然关闭引起的水锤衰减特性进行了研究，结果表明该方法具有很好的使用效果，但是并不适用于阀门关闭时间超过水锤波传播时间的情况两倍的阀门关闭时间。通过在 Brunone 非定常摩擦模型中水锤压力波的衰减，解释了 Brunone 非定常摩擦压力波衰减的参数依赖性。Mohsen Lashkarbolok[67] 着眼于水锤作用于管道引起振动，管道振动反作用于水锤的基础上，针对流体-结构相互作用，推导了具有详细描述的四个耦合偏微分方程组的系统，用于薄层压管中水锤的数学建模。提出了一种基于最小二乘法和局部径向基函数的隐式数值方案来求解控制方程。Kazuaki Inaba[68] 通过双管系统的实验，得到水锤波在不同材料和直径相连的直管中传播时，当管截面面积在两个管的直线连接处突然减半，轴向上的反射压力负荷可以导致轴向峰值应变为环向峰值应变的 0.6 倍。

我国对于水锤的研究，较国外起步晚，但是经过多年的发展，在水锤方面研究取得许多进展。20 世纪 80 年代，《瞬变流》[69] 和《水击与压力脉动》被翻译成中文，更多来自中国的研究人员开始从事水锤研究，在水锤理论和防护措施方面的都取得了许多成就。我国第一部关于水锤的专著《水击理论与水击计算》[70] 由王树人编著并出版，对水锤微分方程的推导过程进行了详细的描述，并将水锤求解与计算机计算结合起来，同时介绍了简单管路水锤计算的源程序。刘竹溪和刘光临出版了专著《泵站水锤及其防护》[71]，将水锤理论和水锤求解方法进行了阐述，并对泵站中出现的多类水锤进行了分析，将特征线法与计算机技术结合起来，在泵站水锤模拟计算中得到了应用，同时提出了常用水锤防护措施，为水锤的研究提供了更多指导。

1.3.2 吸排气阀的水锤防护理论

国内外学者对于吸排气阀性能与水锤防护的研究，始于20世纪60年代，并对吸排气阀的水锤防护效果和计算方法进行了广泛和深入的研究，取得了丰富的研究成果[72]。Wylie与Streeter发现水中存气会对管内的水力过渡过程造成压力波动，并建立了基础的吸排气阀数学模型[73]。Campbell通过实验吸排气阀与水锤压力波动之间的关系，验证了吸排气阀的安装对管内产生的负压有消除效果，并且对水柱分离所导致的弥合性水锤也有限制作用[74]。Robert等通过研究发现，吸排气阀在排气阶段采用快速排气会引起管内压力骤增，并建议在吸排气阀内安装节流装置降低排气速度以减小压力峰值[75]。郑源等针对含气水锤的研究采用了实验研究与数值计算相结合的方法，由此发现若在有压管道的顶部布置吸排气阀能显著降低过渡过程中的水锤正压，并且还能降低负压[76]。刘梅清等通过实验分析出了吸排气阀应用于水锤防护的布置方式，指出吸排气阀应使用在具有凸起部位，且此处高程应接近于水池出口水位的管道[77]。

最初有关水锤的计算方法称作解析法，只能用于计算简单封闭管道的关阀水锤，并且此方法需对每一段进行连锁方程计算，且不考虑管道的磨阻损失[78]。将解析法中不考虑管道磨阻的水锤计算基本方程式变化为对管内两点的共轭方程，随后使用作图求解称作图解法，此方法不但可以得出管道断电处的水锤压力，还可以得到管道中间截面的水锤压力[79]。但是，图解法的应用范围也受限，不能用于管道摩阻损失较大、压力波来回传播多次以及复杂管道的情况，因此此种情况的水锤计算会出现计算精度不准确，同时计算也较为烦琐[80]。张健等人推导出了管道摩阻影响情况下的水锤降压波随管线的衰减公式，并且计算结果与实验结果吻合良好[81]。伴随着计算机技术的广泛应用以及数值计算的迅猛发展，越来越多的计算方法被应用于水锤计算中，如：有限差分法、特征线法、流体体积法、矢通量分裂法、有限元法等[82]。其中特征线法将水锤偏微分方程转化为常微分方程，随后再变化为差分方程进行数值计算。因此特征线法在数值计算中有着计算精确度高、计算收敛简单以及边界条件容易处理等优点，是如今计算水锤普遍采用的方法之一[83]。

在国外的相关研究中，1898 年由俄罗斯流体力学家 Joukowsky 发表的《管道中的水锤》一文，提出了儒科夫斯基公式并详细说明了压力与速度变化之间的关系，这篇著名的论文又被称为“水锤基本方程”[84]。Gromeka 首次将阻力损失引入水力过渡过程分析。同时，假设液体是不可压缩的，阻力损失与水的流速成正比[85]。Dailey 等[86] 根据吸排气阀模型试验，当流体速度降低时，管壁的瞬态剪应力降低，当流体加速时，瞬态剪应力增加。此后，管壁瞬态剪应力的研究也成为水锤理论中的一个重要课题[87,88]。Roberto 等[89] 指出在吸排气阀内部应该放置缓冲装置或者节流孔板，可以用来减少管道中吸排气阀突然关阀会引起内部压力剧烈变化。Zloczower 认为吸排气阀在运行时的进排气都会对防水锤效果有较大的影响，从而指出吸排气阀进排气口径应该有适中的规格，太大或者太小都会影响吸排气阀水锤防护效果，进而造成水锤现象加剧。Carlos 等[90] 建立了一套基于西城/代尔夫特液压的完整试验模型，用于解决吸排气阀各个参数中对于传统数值模型的不确定性。该试验模型对于吸排气阀各个参数进行严格的校准，制定了一套数学模型，通过此模型在吸排气阀没有使用时的运行过程进行测试。Oscar 等[91] 就关于管路中水流放空时遇到的问题做了深入的研究。当水柱拉断会导致负压的出现，容易造成管道被压扁，因此在空化效应和水相传播的基础上，再结合热力学定律，对重新建立的一维刚性模型进行实验验证。结果表明，此模型对于放空管路有较好的效果，在管路中设置吸排气阀就可以解决管路水流放空而导致的负压。Balacco、Apollonio[92,93] 思虑到吸排气阀在实际工程中一般是安装在起伏管道的顶部，因此在排气时关于起伏管道的坡度、进排气孔直径以及上下游阀门开度对水力瞬变特性导致的影响进行了实验研究。结果表明，当下游吸排气阀阀门打开部分时，排气孔直径对压力峰值影响较小，其最大压力大概是作用压头的 1.5 倍；当下游吸排气阀阀门关闭完全时，最大压力峰值的临界所对应排气孔直径（d/D）是伴随着斜率的增大而减小。Vicente S 等[94] 各自对不可压缩气体和理想气体的数学模型进行了推导，并用仿真和实验相结合的方法对在运行中吸排气阀与水锤压力之间的关系做了深入研究。结果表明，不可压缩气体假设在低压时依旧是有用的，对吸排气阀关于防护水锤的数学模型建立引领了一条新的思路。

1.3.3 吸排气阀结构与特性参数

吸排气阀的特性参数主要包括吸排气阀的直径与流量系数，这在一定程度上影响着对输水管道的水锤防护效果[95,96]。在相同压差的情况下，吸排气阀直径会通过影响吸排气阀的进排气流量，直径越大时流量越大，直径越小时流量越小。在标准 CJ/T217《给水管道复合式高速进排气阀》中建议吸排气阀直径取输水管径的 1/8～1/5，但当输水管径较大时，建议的取值范围就明显地增大，会对输水工程产生一定程度的影响；尤其是事故工况时对水柱分离和水柱弥合的影响就更为明显[97]，为此国内外的专家学者对孔口直径的影响进行了理论和实验的论证：杨开林等人通过南水北调北京输水段工程的特点，对有效孔径为 0.1～0.3m 的吸排气阀进行实验，发现存在一个吸排气阀的最优直径可以有效地降低水锤压力或者严重的负压，并根据临涣工业园输水工程给出了孔径的选取建议，认为孔径的选取需要具体问题具体分析，不必一定按照输水管径的 1/8～1/5 选取[98]；刘竹青等人与刘志勇等人都对不同吸排气阀孔口面积情况下的水力过渡过程进行了研究，刘竹青等人认为孔口面积应该与流量系数同时考虑[99]，刘志勇等人通过遗传算法对孔口面积进行选取，认为实际工程中应对吸排气阀直径进行优化或者使用具有快速进气、缓慢排气结构的吸排气阀[100]。De Martino 和 Zhou F 在对复杂管线和简单管线进行实验后指出，吸排气阀处的压力受吸排气阀直径与管道直径的比值 d/D（其中 d 是吸排气阀直径，D 是管道直径）的影响；De Martino 指出最大压力发生在 $d/D=0.14$，后面更改为 $d/D=0.18$[101]，Zhou 指出最大压力发生在 $d/D=0.2$，造成这种差异的原因可能是不同的实验条件，因此仅以吸排气阀直径与管道直径的比值来研究最大压力是不适宜推广应用的[102]。

流量系数表示了吸排气阀对气体的流通能力，通常进气、排气阶段的流量系数是不相同的，按照美国水工管网协会 AWWA 2001 的规定，吸排气阀排放系数通过公布标准确定，然而这些值存在相当大的不确定性，并且对于每种类型的吸排气阀，这种不确定性更大了[103,104]。沈金娟针对不同压差情况下的进气和排气情况，得出流量系数与内外压差有关，采用固定的流量系数进行水锤防护研究会影响最后的结论[105]。为了使模拟结果更接近真实值，Lemos 提出必须对吸排气阀的特性曲线进行测试，并将其与制造商提供的特性进行比较[106]，因此需要研究吸排气阀的流量系数并对此进行测定[107]。胡建永等人认为使用进排气流量系数不同的吸排气阀时，随着时间的推移进气阶段的差异将会越来越明显，同样此种差异也体现在水锤防护效果上，并且在吸排气阀处的压力波存在着明显的相位差[108]；Bergant 等人通过对大型管道中的流量进行加速和减速的方式确定浮球式吸排气阀的动态性能，得出不同浮球浮动位置间流量和内外压差之间的流量关系[109]。

1.3.4 吸排气阀结构设计与优化

近年来，我国在吸排气阀研究方面取得了很大的进展。杜建军[38] 就吸排气阀在长距离输水管道中的设置原则做了归纳总结，并研究了吸排气阀的特性参数、种类类型、技术规范以及设置原则作用。胡建永、方杰[110] 经过实际工程分析，结果表明对于吸排气阀的设置，理论分析得到的值和依据经验得出的值是有较大变化的，从理论分析得到的关于吸排气阀进排气孔口直径和布置间距要比依据经验得出的值小。高洁、吴建华[111] 等人对于吸排气阀的两种不同尺寸口径进行了模拟。结果表明，吸排气阀在运行中口径的大小有着重要的影响，但是为了吸排气阀选型原则的合理性，还要在水力过渡过程计算时进行验证复核。郭永鑫、张弢[112] 等基于系统试验的分析，确切了吸排气阀的动态参数和结构特性对于两相瞬变过程的响应机理，从而对吸排气阀的选型、设计、测试、优化等提供了理论依据。

高洁，吴建华[113,114] 等模拟计算了吸排气阀的进排气特性。结果表明，吸排气阀的流通面积和进排气流量系数之乘积随压差的变化规律；并且通过不同压差的流通面积和进排气流量系数的乘积值，对不同进气流量系数下的进排气流通面积进行了计算。王玲、王福军[115] 等人对吸排气阀在曲折管路中空管慢慢注水时的水锤防护效果进行了研究分析，分析表明，当选用微量排气和大口径进气的吸排气阀，能够防止空管在注水时产生的水柱分离甚至弥合高压水锤。徐放、李志鹏[116] 等人通过实际工程计算验证了，传统高速进排气阀内部结构优化后的水锤防护效果明显是要优于传统的高速进排气阀。张明、李志鹏[117] 等人对不同孔径大小的缓冲阀瓣进行水锤防护效果分析，结果表明吸排气阀缓冲阀瓣布置在阀体上端对水锤防护性能更好。张国华[118] 等通过实际工程提出保护工程措施的方法和抑制负压水锤的防护。郭伟奇、吴建华[119] 等通过对实际工程的水锤模拟，结果表明当使用吸排气阀加蝶阀联合防护能保证工程运行的安全，但是在降低负压的同时会使得正压增加。石建杰[120] 等在泵站系统中通过 Hammer 软件对管道的水锤进行数值模拟计算。为了保证泵站系统的安全，防止管道产生断流弥合水锤，采用排气阀和气压罐的有效措施，可以减小甚至消除管道负压。张宏祯，李燕辉[121] 等对一系列充水方案用格子玻尔兹曼方法进行数值模拟，结果表明：随着充水速度增加，吸排气阀快速关闭产生的二次水锤压力近似线性地增大，而残余气团体积分数则呈近似抛物线的增长趋势。褚志超，吴建华[122] 等以实际工程为例，将不同的进排气流量系数做排列组合，对此组合的停泵水锤值通过水锤软件进行模拟分析；结果表明：当排气流量系数过小或者过大时，正压会随之变大，为了防水锤效果更好要合理地降低排气流量系数；而当吸排气阀进气流量系数越大时，正压和负压的绝对值会随之越小，防水锤的效果就会越好。谢忱，闫士秋[123] 等为了确保管道能够安全地运行，通过极差分析法选取管路负压水头代数和作为控制参数，此方法根据各个因素的主次进行排序，确定最优的排列顺序，然后将一个吸排气阀设置在蝶阀下游位置，可以得出关于吸排气阀最优化的布置形式和方式。郭伟奇，吴建华[124] 等研究了吸排气阀排气性能和数学模型，首先对美国给水工程协会 M51 指南上的吸排气阀排气性能参数做了误差分析，然后基于热力学基本原理，对两种不可压缩假设和理想气体假设的吸排气阀数学模型进行了推导，结果表明：理想气体相比不可压缩气体拥有较高的精度，但是在压差较小时，不可压缩气体的精度较高，因此在防空或者初次充水等压差较小的情况时可以用此模型。

1.3.5 吸排气阀故障与结构改进

吸排气阀对于管路吸气和排气具有较好的作用。吸排气阀由于具有结构设计简单、价格较为便宜、安装原则较少等优点，相对于另外的防护设备能够有效避免管路中出现的弥合性水锤，防止更为严重的水锤安全事故[125,126]，因此被广泛用于输水系统中。传统的吸排气阀只有一个孔径固定的阀口来进排气，孔径只有某些特定的尺寸，不可调节。若要保证进气量满足要求，则孔径应越大越好，这样补气及时，危险性减小，但其排气量会过大，从而导致断流而弥合水锤；若要控制排气量，则排孔径应该越小越好，但进气量却会受到限制，不能满足管线局部高点处的进气量要求。因此，选择适合的吸排气阀孔径对输水管线的安全运行具有重要的意义。高金良，王天姗[127] 等提供一种可变径的吸排气阀，过在阀口处设置可转动的圆盘，改变了圆盘与隔板之间的有效孔径，起到了孔径可调节的作用，无须受限于传统吸排气阀的固有口径，可在实验及实际工程中根据实际排气量需求灵活改变口径大小。黄靖，欧立涛[128] 等发明了一种带检修过滤反清洗功能的吸排气阀组。该吸排气阀组集吸排气阀功能、过滤及反清洗功能、检修功能为一体，采用过滤筒作为过滤器，为了兼具过滤精细度和强度将过滤筒设计成双层结构，在吸排气阀吸气时，气流从外部进入，过滤筒内部截留的杂质在外部气流作用下将离开过滤孔，不影响气流进入；而在吸排气阀排气时，过滤筒将减缓气流排出的速度，因此，过滤筒不仅能阻挡杂质，而且从结构上帮助吸排气阀实现快吸缓排的功能，有利于吸排气阀更好地发挥作用，此外，采用过滤筒作为过滤器还能避免过滤筒上的滤网直接面对水流的冲击，减少变形提高使用寿命。黄靖，罗建群[129] 等发明了一种自带检修的快吸缓排式吸排气阀。此吸排气阀适合在没有安装检修阀的管道中安装，无须为吸排气阀再单独配置检修阀，且具备吸排气阀原有的全部功能，并且在不改变吸排气阀结构的基础，通过连接阀门组件，自带检修阀，阀门组件内部流道呈 S 形，对水阻力大，对气阻力小，有利于排气，不利于排水，可减少或避免吸排气阀关闭瞬间气液两相流的喷发现象，增强吸排气阀的快吸缓排功能，实现吸排气阀带压状态下的在线检修和维护功能，楔紧式金属硬密封，操作轻便、服役寿命长。

目前，在工程实践中吸排气阀的安装和内部设置大多由经验直接决定，现行的规范中没有规定吸排气阀内部结构的合理设计方法。王华梅[130] 对于FGP4X复合高速进排气阀，提出将传统的浮球结构换为浮筒结构，结果表明浮筒结构可以减少空管的注水时间，对应急供水的作用较大。另外，它具有独特的内胆结构，可以完全保证管道在压力不超过0.02MPa的情况下自动关闭，避免漏水。李玉琪[131] 在管道高差较大的情况下，对浮球容易被气体吹到堵塞出气口而无法排出的问题进行了优化。优化后的单口自动高速进排气阀通过管路运行测试，结果表明进排气的流量和速度都是优化前的两倍以上，并且符合使用规范。唐剑锋[132]、刘宇峰[133] 等针对吸排气阀体内由于高速扰动气流使得浮球的重力小于浮球的气动力，从而被快速吹起导致排气口被堵塞，吸排气阀内部的气体无法排出，造成吸排气阀失效的问题。研究发明了一种浮球采用特殊直径的新型的动态高速进排气阀，当高速气流吹过时，气动力可以让浮球保持悬浮，在慢慢充水而产生的浮力可以使其漂浮，因此就算气流速度接近音速，也不用担心吹堵现象出现。

1.3.6 吸排气阀故障监测与性能测试

吸排气阀出现故障时经常无法及时发现，特别是在管道系统瞬态过程中的吸排气阀的表现完全处于失察状态，都容易导致管道系统故障、输配流体的运行效率降低等问题。黄靖，欧立涛[134] 等发明了一种监测型多功能防水锤吸排气阀。该吸排气阀的监测系统在管线或管网上吸排气阀能够被中控处远程监测其排气、吸气、密封、故障等不同的工作状态，如果发生故障时可以在中控处显示故障吸排气阀的位置以及发出报警，同时在不工作状态，也可以通过中控模块，定期对吸排气阀监测，及时发现吸排气阀是否已故障，监测使得管理人员能够及时维护检修，节省人工巡线劳动量、延长吸排气阀使用寿命，避免发生管网水锤、爆管和塌管等恶性事故的发生。另外内部结构不同于传统防水锤吸排气阀单一功能性，内置检修阀组件，过滤组件，使得防水锤吸排气阀自身具有检修阀、过滤器的功能。则在管线安装的时候，无须安装相关配套的检修阀、过滤器、实现一阀代替多阀。李习洪，詹小华[135] 等发明一种吸排气阀的在线监控方法及系统。该系统结构简单、安装方便，可利用接近开关、液位开关发出信号快速、准确判断吸排气阀的各种状态，包括正常工作状态和故障状态可利用接近开关、液位开关发出的信号准确判断吸排气阀的各种工作状态，在微量排气故障状态、大排气口密封漏水故障状态时，控制单元立即控制电动检修阀关闭，控制警报发生器发出警报，避免发生管网水锤、爆管和塌管等恶性事故的发生，实现阀门智能化。谢丽华，张树存等提供一种智慧型吸排气阀，瞬态压力传感器伸入主阀内，瞬态压力传感器用于感测主阀内的瞬态流体压力并能够输出压力信息，位移传感器用于感测阀瓣的位置变化并能够输出阀瓣位移信息，瞬态压力传感器及位移传感器均与数据记录仪相连接，数据记录仪能够记录并将压力信息及位移信息传输至处理器中，当智慧型吸排气阀发生故障能够及时发现并处理，进而防止发生工程事故，有利于人员远程监控，有利于检测并掌握智慧型吸排气阀工作状态。

现有技术中吸排气阀的吸气和排气性能测试采用两套设备进行，无法实现在一套设备上实现较精确的、吸气和排气性能测试一体化的功能。谢爱华，曹叶芝等发明了一种吸排气阀性能测试装置及吸排气阀性能测试方法，针对现有技术的缺陷，提供一种可靠性高、结构简单、易于操作的且全程采用稳态气源进行性能测试的吸排气阀性能测试装置。本装置采用稳态气源进行测试，颠覆常规瞬态气源测试理念，且在一套装置中进行吸、排气测试，降低装置制作成本，能提供精确评估结果。张继伟，彭林[136] 等发明一种吸排气阀进气性能测试装置以及测试方法，通过不断增加被测吸排气阀进气端压力的方式实现吸排气阀进气性能的测试，无须传统测试方式中所使用的真空泵装置，拥有造价成本低、结构简单、易于操作的特点，为吸排气阀进气性能测试提供了一种更为简单且新颖的方式。

本章参考文献

［1］ 李博，金淑婷，陈兴鹏，等. 改革开放以来中国人口空间分布特征——基于1982—2010年全国四次人口普查资料的分析［J］. 经济地理，2016（7）：27-37.
［2］ 张晓丽，杨高升. 我国供水用水的时空特征研究及政策建议［J］. 武汉理工大学学报（信息与管理工程版），2020，216（01）：53-58.
［3］ 王福林. 区域水资源合理配置研究——以辽宁省为例［D］. 武汉理工大学，2013.
［4］ 米勇，米秋菊，钱文婧，等. 我国水利建设投资分析与预测［J］. 农业工程，2017，7（003）：110-112.
［5］ 钱文婧，贺灿飞. 中国水资源利用效率区域差异及影响因素研究［J］. 中国人口·资源与环境，2011，21（002）：54-60.
［6］ 王京晶，蒋之宇，吴川东. 中国水资源开发利用现状的问题及解决对策［J］. 居舍，2018，13：197-198.
［7］ 周琳，李勇. 我国的水污染现状与水环境管理策略研究［J］. 环境与发展，2018，30

(4)：51-52.
[8] 王霏霏. 我国农村水污染现状及治理对策 [J]. 乡村科技，2018，191（23）：113-115.
[9] 王林. 大规模 长距离 跨流域调水的利弊分析 [J]. 中国水运（下半月），2014，(9)：257-258.
[10] 沈金娟. 长距离输水管道进排气阀的合理选型及防护效果研究 [D]. 太原理工大学，2013.
[11] 朱晓璟. 长距离大型区域重力流输水系统水锤防护计算研究 [D]. 长安大学，2009.
[12] 冯志国. 刍议大连市备用水源地保护与经济建设如何协调发展 [J]. 黑龙江水利科技，2014，000（002)：170-171.
[13] 孙万光，李成振，姜彪. 水库群供调水系统实时调度研究 [J]. 水科学进展，2016，027（001)：128-38.
[14] 张贵民，段志强，牛晓东. 跨流域调水工程运行管理模式探讨 [J]. 山东水利，2017，01：29-30+32.
[15] 王晓东. 浅谈长距离输水管道工程中调流阀的应用 [J]. 水利建设与管理，2017，37（02)，77-79.
[16] 李志鹏，王祺武，朱慈东，等. 基于阀门关闭策略的重力流管路水锤控制分析 [J]. 长沙理工大学学报（自然科学版)，2020，17（2)：75-83.
[17] 黄源，赵明，张清周. 输配水管网系统中关阀水锤的优化控制研究 [J]. 给水排水，2017（2)：123-127.
[18] 董茹，杨玉思，葛光环. 关阀程序对分支线重力流输水系统水锤升压的影响 [J]. 中国给水排水，2016，032（011)：50-54.
[19] 徐放，李志鹏，邹顺利，等. 高扬程泵站停泵水锤防护措施的比较与分析 [J]. 给水排水，2017（12)：106-110.
[20] 刘亚萌，蒋劲，李婷. 基于多目标粒子群算法的停泵水锤防护优化 [J]. 中国农村水利水电，2017，(06)：162-167.
[21] Feng T, Zhang D, Song P. Numerical research on water hammer phenomenon of parallel pump-valve system by coupling FLUENT with RELAP5 [J]. Annals of Nuclear Energy, 2017, 109：318-326.
[22] 金锥，姜乃昌，汪兴华. 停泵水锤及其防护 [M]. 北京：中国建筑工业出版社，2004.
[23] 王学芳. 工业管道中的水锤 [M]. 北京：科学出版社，1995.
[24] 龙侠义. 输配水管线水锤数值模拟与防护措施研究 [D]. 重庆大学，2013.
[25] 陈卫. 大流量，高扬程，长距离供水泵站水锤防护措施 [J]. 四川建材，2020，236（04)：177-179.
[26] 董茹，杨玉思，葛光环. 长距离加压输水工程停泵水锤防护方案对比研究 [J]. 给水排水，2016，3：119-121.

[27] 金玲. 城市供水系统安全性的思考 [J]. 建筑工程技术与设计，2014，(12)：505.
[28] 王祺武，李志鹏，朱慈东，等. 重力流输水管路阀门调节与水锤控制分析 [J]. 流体机械，2020，48 (6)：38-43.
[29] Riasi A，Nourbakhsh A，Raisee M. Unsteady Velocity Profiles in Laminar and Turbulent Water Hammer Flows [J]. Journal of Fluids Engineering，2009，131 (12)：121-202.
[30] 郑大琼，沈康，王念慎. "非常水锤"的发生条件及预防措施 [J]. 中国电力，2002 (09)：20-23.
[31] 刘海波. 管线工程调压设施比选 [J]. 陕西水利，2017，000 (004)：126-127.
[32] 尚鹏. 调压塔在有压管道水力过渡过程中的水锤防护作用 [J]. 科技风，2017，000 (018)：254-255.
[33] 梁兴. 基于正交试验的单向调压塔结构优化研究 [J]. 给水排水，2015，51 (02)，97-100.
[34] 庄文建. 调压塔对长输管线水击压强消减作用 [J]. 科技风，2017，000 (018)：139-140.
[35] 黄玉毅，李建刚，符向前. 长距离输水工程停泵水锤的空气罐与气阀防护比较研究 [J]. 中国农村水利水电，2014，(08)，186-188+192.
[36] 李志鹏，邹顺利，徐放，等. 大口径管道供水系统水锤模拟与防护 [J]. 长沙理工大学学报 (自然科学版)，2016，12 (4)：74-79.
[37] 白绵绵，赵娟，李铁亮. 弓背形高扬程泵站负压水锤防护研究 [J]. 陕西水利，2017，(4)：51-53.
[38] 王祺武，李志鹏，朱慈东，等. 基于双阀调节的重力流管路水锤控制分析 [J]. 中国给水排水，2020，36 (9)：52-58.
[39] 王航. 不同类型调压塔在有压管道水力过渡过程中的水锤防护作用分析研究 [D]. 长安大学，2012.
[40] 邓利安，蒋劲，兰刚，等. 长距离输水工程停泵水锤的空气罐防护特性 [J]. 武汉大学学报：工学版，2015，48：402-406.
[41] 徐放，李志鹏，王东福. 水锤防护空气阀研究综述 [J]. 流体机械，2018，046 (006)：33-38.
[42] 徐燕，李江，黄涛. 空气阀口径和型式对压力管线水锤防护的影响 [J]. 水利与建筑工程学报，2020，89 (01)：241-247.
[43] 李小周，朱满林，陶灿. 空气阀型式对压力管道水锤防护的影响 [J]. 排灌机械工程学报，2015，33 (007)：599-605.
[44] 李琨，吴建华，刘亚明. 空气罐对泵站水锤的防护效果研究 [J]. 人民长江，2020，051 (002)：200-204.
[45] 翟雪洁，王玲花. 长距离有压调水工程空气罐水锤防护研究进展 [J]. 浙江水利水电学院学报，2020 (1)：15-18.

[46] 王思琪，俞晓东，倪尉翔. 长距离供水工程空气罐调压塔联合防护水锤 [J]. 排灌机械工程学报，2019，37 (005)：406-412.

[47] WAN W，ZHANG B. Investigation of Water Hammer Protection in Water Supply Pipeline Systems Using an Intelligent Self-Controlled Surge Tank [J]. Energies，2018，11 (6)：1450.

[48] 曲兴辉. U 型管结构双向水力调压塔模型试验及应用探讨 [J]. 给水排水，2014，000 (012)：104-108.

[49] 梁兴. 基于正交试验的单向调压塔结构优化研究 [J]. 给水排水，2015，000 (002)：97-100.

[50] 李楠，张健，石林. 空气罐与超压泄压阀联合水锤防护特性 [J]. 排灌机械工程学报，2020，(3)：254-260.

[51] 刘亚明，杨德明，高洁. 液控蝶阀和超压泄压阀对水锤联合防护效果分析 [J]. 人民长江，2017，48 (18)，96-99.

[52] 高将. 超压泄压阀和调压塔在长距离输水管道水锤防护中的应用分析研究 [D]. 长安大学，2012.

[53] Streeter V L. Transient Cavitating Pipe Flow [J]. Journal of Hydraulic Engineering，1983，109 (11)：1407-1423.

[54] Parmakiam J. Waterhammer Analysis [M]. Prentice-Hall，1955.

[55] Streeter，Victor L. Fluid transients [M]. Fluid transients. McGraw-Hill International Book Co.. 1978.

[56] 秋元德三. 水击与压力脉动 [M]. 电力工业出版社，1981.

[57] Wood D J，Lingireddy S，Boulos P F. Numerical methods for modeling transient flow in distribution systems [J]. Journal，2005，97 (7)：104-115.

[58] Wood D J. Waterhammer analysis—essential and easy (and efficient) [J]. Journal of Environmental Engineering，2005，131 (8)：1123-1131.

[59] Jung B S，Boulos P F，Wood D J，et al. A Lagrangian wave characteristic method for simulating transient water column separation [J]. Journal—American Water Works Association，2009，101 (6)：64-73.

[60] Dhandayudha pa ni Ramalingam，Srinivasa Lingireddy，Don J Wood. Using the WCM for transient modeling of water distribution networks [J]. American Water Works Association. Journal，2009，101 (2)：75-90.

[61] Ghodhbani A，Hadj-Taïeb E. Numerical Coupled Modeling of Water Hammer in Quasi-rigid Thin Pipes [M]. Berlin：Design and Modeling of Mechanical Systems，2013.

[62] Henclik S. A numerical approach to the standard model of water hammer with fluid-structure interaction [J]. Journal of Theoretical & Applied Mechanics，2015，53 (3)：543-555.

[63] Nault J D, Karney B W, Jung B. Algebraic water hammer: Global formulation for simulating transient pipe network hydraulics [C] //World Environmental and Water Resources Congress 2016. 2016: 191-201.

[64] Kodura A, Stefanek P, Weinerowska-Bords K. An experimental and numerical analysis of water hammer phenomenon in slurries [J]. Journal of Fluids Engineering, 2017, 139 (12): 00.

[65] Yao E, Kember G, Hansen D. Analysis of water hammer attenuation in the Brunone model of unsteady friction [J]. Quarterly of Applied Mathematics, 2014, 72 (2): 281-290.

[66] Yao E, Kember G, Hansen D. Analysis of water hammer attenuation in applications with varying valve closure times [J]. Journal of Engineering Mechanics, 2015, 141 (1): 04014107.

[67] Lashkarbolok M. Fluid-structure interaction in thin laminated cylindrical pipes during water hammer [J]. Composite Structures, 2018, 204: 912-919.

[68] Inaba K, Kamijukkoku M, Takahashi K, et al. Transient behavior of water hammer in a two-pipe system [C] //Pressure Vessels and Piping Conference. American Society of Mechanical Engineers, 2013, 55683: V004T04A010.

[69] 怀利，斯特里特. 瞬变流 [M]. 北京：水利电力出版社，1983.

[70] 王树人. 水击理论与水击计算 [M]. 北京：清华大学出版社，1981.

[71] 刘竹溪，刘光临. 泵站水锤及其防护 [M]. 北京：水利电力出版社，1988.

[72] 吕岁菊，冯民权，李春光. 泵输水管线水锤数值模拟及其防护研究 [J]. 西北农林科技大学学报（自然科学版），2014，42 (9)：219-226.

[73] Iglesias-Rey P L, Fuertes-Miquel V S, García-Mares F. Comparative Study of Intake and Exhaust Air Flows of Different Commercial Air Valves [J]. Procedia Engineering, 2014, 89 (0): 1412-1419.

[74] Ismaier A, Schluecker E. Fluid dynamic interaction between water hammer and centrifugal pumps [J]. Nuclear Engineering & Design, 2009, 239 (12): 3151-3154.

[75] Singh R K, Sinha S K, Rao A R. Study of incident water hammer in an engineering loop under two-phase flow experiment [J]. Nuclear Engineering And Design, 2010, 240 (8): 1967-1974.

[76] 郑源，薛超，周大庆. 设有复式空气阀的管道充、放水过程 [J]. 排灌机械工程学报，2012，30 (001)：91-96.

[77] 刘梅清，梁兴，刘志勇. 长管道事故停泵水锤现场测试与信号分析 [J]. 排灌机械工程学报，2012，30 (003)：249-253.

[78] Bergant A, Tijsseling A S, Vitkovsky J P. Parameters affecting water-hammer wave attenuation, shape and timing—Part 1: Mathematical tools [J]. Journal of Hydraulic Research, 2008, 46 (3): 373-381.

[79] 许兰森. 输水管线水锤模拟与防护研究 [D]. 重庆大学，2015.
[80] 吴建华，魏茹生，赵海生. 缓闭式蝶阀消除水锤效果仿真及试验研究 [J]. 系统仿真学报，2008，03)：37－40＋43.
[81] 张健，朱雪强，曲兴辉. 长距离供水工程空气阀设置理论分析 [J]. 水利学报，2011，042（009）：1025－1033.
[82] 周广钰，吴辉明，金喜来. 某长距离管道输水工程停泵水锤安全防护研究 [J]. 人民黄河，2015，10)：123－127.
[83] 柯勰. 缓闭式空气阀在调水工程中的水锤防护效果研究 [D]. 浙江大学建筑工程学院 浙江大学，2010.
[84] OKULOV V L，Sørensen J. Maximum efficiency of wind turbine rotors using Joukowsky and Betz approaches [J]. Journal of Fluid Mechanics，2010，649（649）：497－508.
[85] Frizell J P. Pressures resulting from changes of velocity of water in pipes [J]. Transactions of the American Society of Civil Engineers，1898，39（1）：1－7.
[86] Daily J，Pendlebury J，Langley K. Catastrophic Cracking Courtesy of Quiescent Cavitation [J]. Physics of Fluids，2014，26（9）：51－68.
[87] Vardy A E，Brown J M. Approximation of turbulent wall shear stresses in highly transient pipe flows [J]. Journal of Hydraulic Engineering，2007，133（11）：1219－1228.
[88] Zhao M，Ghidaoui M S. Efficient quasi-two-dimensional model for water hammer problems [J]. Journal of Hydraulic Engineering，2003，129（12）：1007－1013.
[89] Li G，Baggett C C，Rosario R A. Air/vacuum valve breakage caused by pressure surges—Analysis and solution [C] //World Environmental and Water Resources Congress 2009：Great Rivers. 2009：1－10.
[90] Carlos M，Arregui F，Cabrera E. Understanding air release through air valves [J]. Journal of Hydraulic Engineering，2011，137（4）：461－469.
[91] Oscar C H，Vicente F M，Mohsen B. Experimental and Numerical Analysis of a Water Emptying Pipeline Using Different Air Valves [J]. Water，2017，9（2）：98.
[92] Balacco G，Apollonio C，Piccinni A F. Experimental analysis of air valve behaviour during hydraulic transients [J]. Journal of Applied Water Engineering and Research，2015，3（1）：3－11.
[93] Apollonio C，Balacco G，Fontana N. Hydraulic Transients Caused by Air Expulsion During Rapid Filling of Undulating Pipelines [J]. Water，2016，8（1）：25.
[94] Fuertes-Miquel V S，López-Jiménez P A，Martínez-Solano F J，et al. Numerical modelling of pipelines with air pockets and air valves [J]. Canadian Journal of Civil Engineering，2016，43（12）：1052－1061.
[95] 靳卫华，李志鹏，秦武，等. 排气阀的结构特点与应用研究 [J]. 给水排水，2008.

7.34 (7): 112 - 115.

[96] 李志鹏，张程钞，任羽皓，等. 基于自力控制阀的水锤控制 [J]. 长沙理工大学学报（自然科学版），2016，12 (4): 74 - 79.

[97] 葛光环，寇坤，张军. 断流弥合水锤最优防护措施的比较与分析 [J]. 中国给水排水，2015，031 (001): 52 - 55.

[98] 杨开林，石维新. 南水北调北京段输水系统水力瞬变的控制 [J]. 水利学报，2005，36 (010): 1176 - 1182.

[99] 刘竹青，毕慧丽，王福军. 空气阀在有压输水管路中的水锤防护作用 [J]. 排灌机械工程学报，2011，29 (004): 333 - 337.

[100] 刘志勇，刘梅清. 空气阀水锤防护特性的主要影响参数分析及优化 [J]. 农业机械学报，2009，40 (6): 85 - 89.

[101] MARTINO G D, FONTANA N, GIUGNI M. Transient Flow Caused by Air Expulsion through an Orifice [J]. Journal of Hydraulic Engineering, 2008, 134 (9): 1395 - 1399.

[102] ZHOU F, HICKS F, STEFFLER P. Transient flow in a rapidly filling horizontal pipe containing trapped air [J]. Journal of Hydraulic Engineering, 2002, 128 (6): 625 - 634.

[103] John D M . AWWA MANUAL OF WATER SUPPLY PRACTICES: M57. 1ST ED [J]. Journal of Phycology, 2011, 47 (4): 00.

[104] KIM S H. Design of surge tank for water supply systems using the impulse response method with the GA algorithm [J]. Journal of Mechanical Science & Technology, 2010, 24 (2): 629 - 636.

[105] 沈金娟. 长距离有压输水系统空气阀排气流量系数研究 [J]. 山西水利科技，2012，02): 5 - 6.

[106] De Lucca Y F L, de Aquino G A. Experimental apparatus to test air trap valves [C] //IOP Conference Series: Earth and Environmental Science. IOP Publishing, 2010, 12 (1): 012 - 101.

[107] Wu Y, Xu Y, Wang C. Research on air valve of water supply pipelines [J]. Procedia Engineering, 2015, 119: 884 - 891.

[108] 胡建永，张健，索丽生. 长距离输水工程中空气阀的进排气特性研究 [J]. 水利学报，2007，000 (0S1): 345 - 350.

[109] BERGANT A, KRUISBRINK A, ARREGUI DE LA CRUZ F. Dynamic behaviour of air valves in a large-scale pipeline apparatus [J]. Journal of Mechanical Engineering, 2012, 58 (4): 225 - 237.

[110] 胡建永，方杰. 供水工程空气阀的设置分析 [J]. 人民长江，2013，044 (019): 9 - 11, 31.

[111] 高洁，吴建华，刘春烨，等. 庄头泵站供水工程进排气阀的选型计算与分析 [J].

人民黄河，2017，39（09）：95－98.
[112] 郭永鑫，张弢，徐金鹏. 空气阀气液两相动态特性研究综述［J］. 南水北调与水利科技，2018，016（006）：148－156.
[113] 高洁，刘亚明，杨德明. 长距离供水系统中空气阀的进排气特性参数研究［J］. 水电能源科学，2017，35（08）：172－174.
[114] 高洁，刘亚明，杨德明. 供水管网空气阀进排气过程中的流通面积计算与分析［J］. 水电能源科学，2018，36（02）：167－170.
[115] 王玲，王福军，黄靖，等. 安装有空气阀的输水管路系统空管充水过程瞬态分析［J］. 水利学报，2017，48（10）：1240－1249.
[116] 徐放，李志鹏，张明. 空气阀内部结构优化与水锤防护分析［J］. 给水排水，2017，43（010）：99－103.
[117] 张明，李志鹏，廖志芳. 空气阀缓冲阀瓣对水锤防护效果分析［J］. 给水排水，2018，54（10）：107－111.
[118] 张国华，陈乙飞，杨力. 长输管线空气阀设计选型对停泵水锤的重大影响［J］. 水电站机电技术，2015，000（005）：54－59.
[119] 郭伟奇，吴建华，李娜，等. 供水管网中空气阀优选及水锤模拟［J］. 水电能源科学，2018，36（07）：149－152.
[120] 石建杰，邱象玉，康军强. 泵站系统管路负压的消除措施分析［J］. 人民黄河，2016，38（04）：117－120.
[121] 张宏祯，李燕辉，蒋劲. 充水速度对空气阀驼峰管段水力特性的影响［J］. 中国农村水利水电，2019，No.445（11）：177－181＋192.
[122] 褚志超，吴建华，郭伟奇. 空气阀进排气流量系数对停泵水锤的敏感性研究［J］. 水电能源科学，2019，037（005）：152－155.
[123] 谢忱，闫士秋，杨丙利. 某输水管道空气阀布置方式和形式优化研究［J］. 水利技术监督，2020，No.154（02）：251－254.
[124] 郭伟奇，吴建华，李娜. 空气阀数学模型及排气性能研究［J］. 人民长江，2019，50（03）：215－219.
[125] 李元生. 防水锤复合式空气阀的设计研究［D］. 兰州理工大学，2017.
[126] 韩建军，张天天，陈立志，等. 大落差重力输水工程关阀控制对水锤防护效果［J］. 水利天地，2015（02）：4－6.
[127] 高金良，王天姗，刁美玲. 可变径的空气阀［P］. 黑龙江：CN103742685A，2014－04－23.
[128] 黄靖，欧立涛，桂新春，等. 一种带检修过滤反清洗功能的空气阀组［P］. 湖南省：CN107789913B，2020－07－07.
[129] 黄靖，罗建群，谢爱华，等. 一种自带检修的快吸缓排式空气阀［P］. 湖南省：CN107990034B，2021－01－12.
[130] 王华梅. FGP4X型复合式高速进排气阀在给水管道中的作用及在山城重庆的使用

案例［J］. 科技视界，2018，240（18）：169－170.
［131］ 李玉琪. 单口自动高速进排气阀的改造［J］. 中国农村水利水电，2000（12）：16－17.
［132］ 唐剑锋，谢买祥，殷建国. 动力式高速进排气阀［J］. 阀门，2006（06）：1－4＋12.
［133］ 刘宇峰，刘涌. 动力式高速进排气阀的性能与应用［J］. 中国给水排水，2007，023（020）：107－108.
［134］ 黄靖，桂新春，欧立涛，等. 一种带监测系统的防水锤空气阀［P］. 湖南省：CN109210269B，2021－05－14.
［135］ 李习洪，詹小华，张梅华. 一种空气阀的在线监控方法及系统［P］. 湖北省：CN110220041A，2019－09－10.
［136］ 张继伟，彭林，王剑，等. 一种空气阀进气性能测试装置以及测试方法［P］. 安徽省：CN107014598A，2017－04－21.

第2章　吸排气阀典型结构与特性

吸排气阀是解决管道排气、补气的有效措施之一，相比于其他防护设备还有价格低、设计结构简单、安装受限条件少等优势，因此被广泛应用于输水系统中。在供水管线上的合理位置安装吸排气阀，一方面能在负压出现时及时补气，当安装吸排气阀位置处的压力小于此处外部大气压力时，吸排气阀就会由于浮球下落让外界空气通过吸排气阀进入输水管，以此降低负压；当安装吸排气阀位置处的压力大于此处外部大气压力时，管道内空气通过吸排气阀排出，且管内液体不会随着空气一同排出，气体排完后，吸排气阀内的浮球上升封堵流道口使吸排气阀关闭[1]。由此可知吸排气阀能够通过进气的方式降低负压，避免“水柱分离”现象的发生，防止管道内产生弥合性水锤，从而避免严重危害的水锤事故[2]；另一方面，具备微量排气功能的吸排气阀能够排出正常运行时水中逸出的微量空气，避免逸出气体对输水系统的不利影响。目前，常见的吸排气阀种类有：微量排气阀、吸气阀、高速进排气阀和复合式进排气阀等；本章分别对各种吸排气阀的结构与特性进行介绍和工作原理分析。

2.1　微量排气阀

微量排气阀存在于许多输水系统中，用于排除水路中的微量空气，在高层建筑、厂区内配管、小型泵站用以保护或改善系统的输水效率及节约能源。只要在水中有空气出现并聚集在拐点处，就需要将其排出，否则会影响管路的顺利输送，严重时会导致管道爆炸。微型排气阀的工作原理是利用流体对吸排气阀内浮球的升降，在管道系统运行时清除少许残留在管道的气体，实现吸排气阀的关闭和开启。对于微型排气阀，排气量会随着排气孔尺寸的增大而增加，有益于管道进行排气，但其能开启的最大工作压力逐渐降低；当工作压力增大，排气量会随着排气孔口尺寸的减小而减小，不然在高压下无法打开大尺寸排气孔。微量排气阀的孔口尺寸不能从经验中得出，而必须根据标准进行计算。因为，如果孔口太大，排气速度会太快，这将导致新的水锤；太小会导致排气不良，妨碍管网的正常运行[3]。李海心[4] 为了供水管道的正常运行，指出微量进排气阀的小孔孔径选择方法可以相对合理地确定不同标高、压头和坡度下排气门的类型以及排气门排气孔的直径。

按照微量排气阀的原理可以分为杠杆式微量排气阀、浮球直动式微量排气阀。杠杆式微量排气阀主要由阀体、浮球、杠杆机构、阀盖、阀座等组成，连接方式为内螺纹连接。采用的双杠杆式特殊结构，适合大量排出有压空气的系统，大大提高排气口面积，同时提高密封可靠性；软硬结合的密封结构，可以有效地保护密封圈，进而让阀门使用寿命得到大大提高；内部构件经过防垢处理，不易结垢，避免了因结垢二次引起的卡阻和渗漏。

微量排气阀的主要作用是在输水管线充满和处于正常运行状态下，能够自动排出水中析出的气体，按照微量排气的原理可以分为：浮球直动式微量排气阀、杠杆式微量排气阀。如图 2.1 所示，杠杆式微量排气阀可以通过杠杆比例达到较高的工作压力，因此可以做到较大的排气孔口；浮球直动式不利用杠杆放大压力，通常排气孔口较小或排气压力较低。由于排气受到内外压差影响和水体中析出的气体较少，微量排气阀的孔径通常需要很小才能使气体从管道中排出。

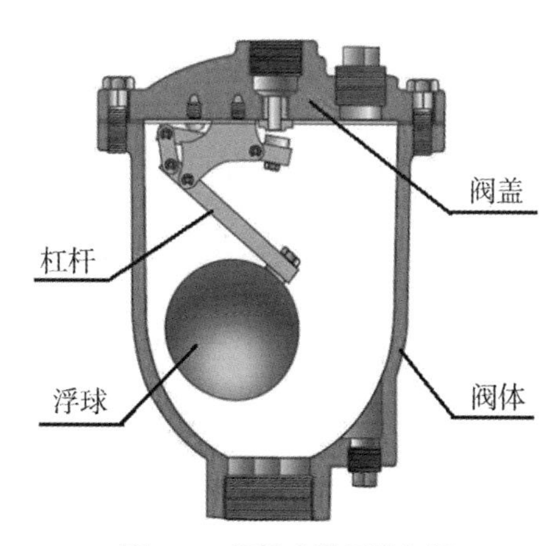

图 2.1　杠杆式微量排气阀

图 2.2 是一种典型的微量排气阀[5]，微量排气阀带有自过滤功能，主要结构包括阀体，其特征在于：阀体上端设有横向的排气孔，阀体内设有气体收集腔，气体收集腔通过排气孔与外界导通；阀体内的气体收集腔中设置有浮子，浮子容置于气体收集腔中且沿气体收集腔上下位移，浮子与阀体之间有供气体通过的缝隙；阀体在气体收集腔顶部设有第一密封面，排气孔设置在第一密封

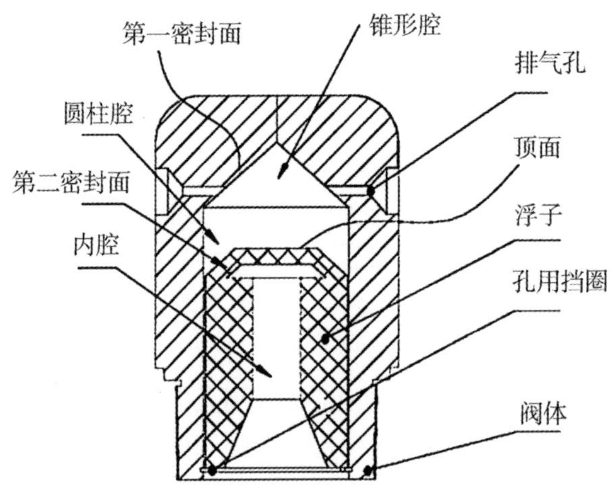

图 2.2　一种典型的微量排气阀结构

面上，浮子上端设置有第二密封面，浮子位于最上位置时，第一密封面与第二密封面紧密接触形成密封副，浮子位于其他位置时，第一密封面与第二密封面分离。该微量排气阀的工作原理：在非排气状态下，阀体中的浮子在液体的浮力作用下与阀体紧密接触，浮子端部的第二密封面和阀体的第一密封面形成密封副，密封副将阀体的排气孔密封，将阀体中的介质与外界截断实现阀门的密封功能。在排气状态下，当管网中的气体从液体中溢出并聚集到阀体中，阀体中的气体自浮子和阀体之间的缝隙上升至气体收集腔的顶部，气体聚集会导致阀体中液位下降，当液体对浮子的浮力达不到阀门密封副的密封力时，浮子下降从而使气体自阀体的排气阀排出，实现将管线中气体排出的目的。

2.2　吸气阀

吸气阀是一种只用于吸气的进排气阀类型，采用吸气阀可以在不设通气管道的情况下稳定维持管内压力；通常设置在每层横支管的顶端或者是相隔若干层的立管上。吸气阀根据其功能特点又可称为真空破坏器，或是破真空阀。吸气阀广泛应用于各种容易产生真空的水力系统中，主要用于在系统形成负压的时候及时吸入空气保护系统。例如，吸气阀在生活饮用水管道中用来自动消除管道内的真空度，使水断流，防止出现可能的虹吸回流危及生活饮用水系统水质安全；在水泵输送系统中，针对启动前的抽真空过程，安装于泵的进口处或其他需要抽真空的位置；当抽真空时，吸气阀自动开启将泵系统内部的空气抽出，使之形成真空，从而使水引入泵内，并在完成真空操后自动关闭。吸气阀的基本工作原理是：当流体系统产生负压时，借由大气压力与系统压力之间的压力差，推动吸气阀的密封件，打开密封面将外界的大气引入系统，让系统压强升高破坏负压，直到密封件重新下坠密封，外界大气不再进入系统。在系统正压时候，工作介质进入吸气阀的密封件上部，向下压紧密封件，系统压力越大，密封越紧，从而保证工作介质不会从密封位置溢出。

吸气阀具有以下应用特点：（1）工作原理与结构的可靠性高，正压状态时密封性好不漏水，负压状态时盖板灵活，能够快速实现大量补气；（2）可以自动实现吸气与密封的切换，无须安排人员操作控制，通过压差自动启动，无须外接其他开关用的动力源；（3）工作与安装简单，无须调试，按照使用说明正确安装即可稳定工作；（4）结构稳定性高，基本不需要维护维修，利于节约后期使用成本。

吸气阀是一种能自动消除给水管道内真空，有效防止虹吸回流的装置；根据结构与功能的区别又可分为：大气型吸气阀、压力型吸气阀和软管型吸气阀。大气型吸气阀，适用于其下游管道上不设置可关断阀门且出口无回压可能的场所，宜选用单进气型吸气阀。可在给水管内压力小于大气压时导入大气的吸气阀。在不通水时与大气相通的吸气阀，主要形式为单进气型；大气型吸气阀的局部水头损失宜 0.02MPa，压力式吸气阀的局部水头损失宜 0.035～0.045MPa。压力型吸气阀，适用于下游设置了可关断阀门的管道。宜选用出口止回型吸气阀，或采用单进气型吸气阀与下游管道止回阀配合形式。立管顶部宜选用单进气型吸气阀和排气阀组合型。在给水管道内失压至某一设定压力时先行断流，继后产生真空时导入大气防止虹吸回流的吸气阀，适用于连续压力工况的吸气阀，主要形式分为单进气型和出口止回型。软管型吸气阀，适用于下游专门连接软管且可能产生虹吸回流和低背压回流的场所，应选用进口止回型吸气阀。软管型吸气阀是一种专用连接软管的吸气阀，专用于出口连接软管的吸气阀，主要形式为进口止回型。

图 2.3 是一种典型的泵用排气阀结构[6]，该吸气阀包括底座、阀体、阀盖、密封导杆、弹性阀座、橡胶膜片、波形弹簧、膜片衬垫和弹簧支座。吸气阀的底座上设置有进气口和过流通道；阀体设置在底座上方，其侧壁上设置有出气口，套筒底板上设置有通孔；阀盖设置在阀体的上方，其端面设置有气孔；密封导杆设置在阀体的腔体内，其底端与弹性阀座配合。该泵用吸气阀的工作原理：吸气阀正常状态由弹簧支撑在关闭位置，当出气口抽真空形成负压时，密封导杆顶端的压力大于吸气阀腔体内部的压力，在大气压的作用下，大气压强会进入阀门顶部并推动密封垫、橡胶膜片、膜片衬垫、波形弹簧和密封

导杆向下运动，使密封导杆和底座形成间隙，使套筒腔体和过流通道之间的通孔打开，从而打开连接水泵的通道，出气口会不断地抽出空气并引入液体，当出气口引入液体并形成一定压力时，液体推动密封导杆，使密封导杆和阀体闭合形成密封，吸气阀自动闭合停止工作。

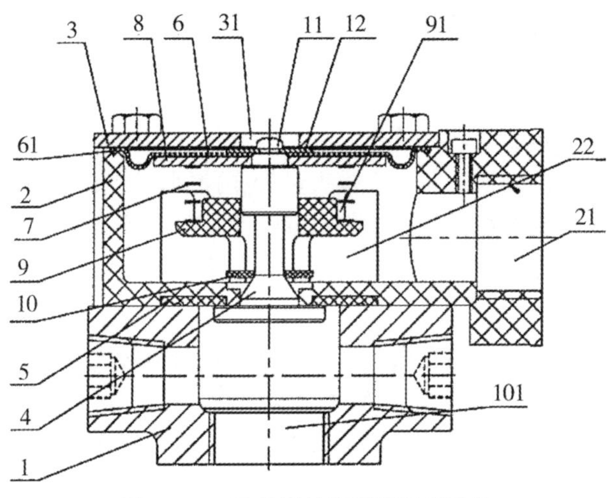

图 2.3　一种典型的泵用吸气阀结构

1. 底座；2. 阀体；3. 阀盖；4. 密封导杆；5. 弹性阀座；6. 橡胶膜片；7. 波形弹簧；8. 膜片衬垫；9. 弹簧支座；10. 止推垫；11. 螺钉；12. 密封垫；31. 气孔；61. 环形安装凸起；91. 环形定位槽；101. 进气口；21. 出气口；22. 支撑板

2.3　高速进排气阀

高速进排气阀通常用于大、中口径的给水压力管道，由一个大孔口和一个小孔口的两个不同孔口进排气阀组成。它可以同时安装，也可以单独使用，其特点是改进了原排气阀的结构，调整了浮球的比重，因此，吸入和排出能力大，通水效率大大提高，管道运行安全和经济。当管道充满水并稳定流动时，管内有压力，此时高速进排气阀关闭；当管道开始充水时，为了排出管道内的空气，此时高速进排气阀自动打开，大量气体迅速排出，保证管道内压力的平稳变化；当阀门检修关闭或管道内出现其他真空时，高速进排气阀自动开启，快速地大量吸入空气，及时破坏真空，防止管道内外压差使管道的压扁或者坍塌等。王华梅[7] 指出 GP 新型双孔复合高速进出水阀能有效控制输水管道的进出口，从而控制水流量。梁佩宇、肖睿书[8] 等提出了孔网钢带聚乙烯复合管的简化水力计算方法。高速进出口阀用于防止供水管网爆裂事故。

该类吸排气阀按照工作原理可分为气缸式排气阀、浮球式排气阀。气缸式排气阀主要由阀盖、阀瓣、气缸、阀体组成。是全压高速排气阀，作用是使用浮筒杠杆等操纵气缸内的气动膜片，控制阀体各个大小排气孔口的关闭和开启，无论该阀处于何种水流和压力下，只要有空气能够顺着管道通入阀体内，就能通过各个大小排气孔口来排气[9]。浮球式排气阀主要由浮球和阀体构成。浮球位于浮球式排气阀体内的护筒结构上，当管道没注入流体进入吸排气阀时浮球会落入护筒中，排气孔口从而打开，当管道流体逐渐进入吸排气阀内时浮球会慢慢浮起进而堵住排气口来封住水流。

在高速排气阀中，双动式吸排气阀的主要应用在输水管路充水阶段排出气体，检修排水阶段吸入气体以及在事故工况产生负压时吸入气体防止管道塌陷等保护作用。按照工作原理可分为：杠杆式、气缸式以及浮球式，如图 2.4 所示为气缸式排气阀和浮球式排气阀，这种类型的吸排气阀由于具有高速排气的功能，在排气阶段将会产生二次瞬时压力，在水锤防护时反而会发生更加危险的后果。三动式吸排气阀相对于双动式吸排气阀，主要区别是在排气阶段随着排气速度的增加，排气出口处下方的小浮球被其产生的压差托起以堵住出口，迫使空气从较小的开口排出，以此减缓排气速度，防止事故工况导致的弥合水锤和二次瞬时压力的发生，并且在负压进气时也能保证高速进气，弥补了在排气期间双动式吸排气阀存在的缺陷。

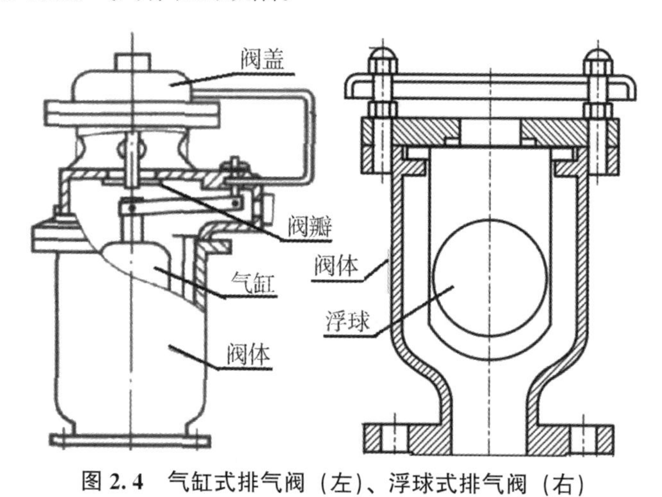

图 2.4　气缸式排气阀（左）、浮球式排气阀（右）

图 2.5 是一种典型的高速排气阀结构[10]，该高速排气阀设计有浮球结构，主要包括阀体，阀体顶部配合固定有阀盖，阀盖顶部固定有压盖，阀体与阀盖

之间设有密封圈，阀体内腔设有浮球，浮球底端为平面、顶端为半球形的组合形式，阀体内腔体筒上设置有阀体导向筋，阀体导向筋和浮球之间设有浮球导向块，阀盖与压盖上贯穿有微量排气阀，阀盖与上升的浮球顶端接触处设有阀座，阀座下方设有软密封阀座。该高速吸排气阀的浮球的底端设计为平面，这样使同样的球体直径的浮球所受的浮力要大于球形结构的球体，相应的密封力得到了保证；此时，阀门的整体体积不需要增加，节约了成本，阀门的密封性能得到改善，阀门的可靠性进一步得到了提高。

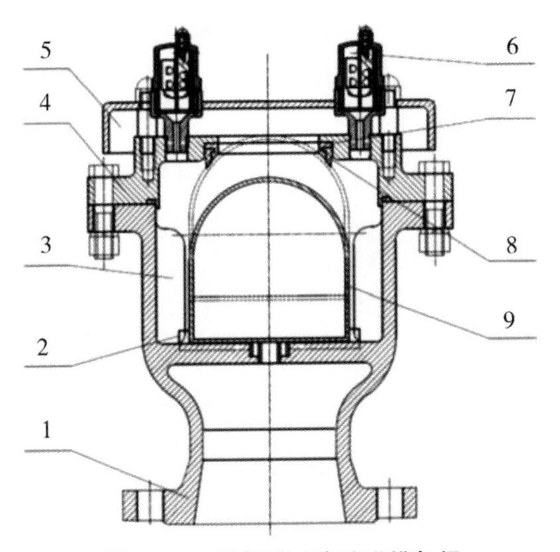

图 2.5　一种浮球式高速进排气阀

1. 阀体；2. 浮球导向块；3. 阀体导向筋；4. 阀盖；
5. 压盖；6. 微量排气阀座；7. 阀座；8. 软密封阀座；9. 浮球

图 2.6 是一种自带水锤防护装置的高速排气阀结构[11]，包括阀体，阀体顶部固定有阀盖，阀盖上设有微量排气阀座，阀体内包括体腔和进口端，体腔和进口端之间设有隔板，进口端内设有防水锤阀芯，防水锤阀芯上设有通孔，防水锤阀芯上端面中央设有缓冲弹簧，防水锤阀芯上端面两侧分别设有阀芯导杆，体腔内设有浮球，浮球底部固定有导向杆。本实用新型将防水锤装置设置在进排气阀内部，使阀门的体积减小，重量也减轻。防水锤阀芯上的通孔面积之和大于阀门通径面积，使流体通过的流量还有所增加，防水锤阀芯与防水锤阀芯上的缓冲弹簧将管路中突然产生的巨大能量缓慢吸纳从而有效地防止了水锤的产生。该阀针对水锤防护目的设计有独特的减压装置，设置有带通孔的防水锤阀芯、阀芯导杆以及缓冲弹簧。当高压流体通过防水锤阀芯，经过其上面有序排列的通孔进行了有效减压；同时通孔的面积之和大于阀门通径面积，使

得防水锤阀芯将高压流体有效减压后通过的流量还有所增加。这一装置的设置有效地将介质压力降低，防止介质过早关闭排气阀和管道气体排不尽而影响管路系统的传输效率。防水锤阀芯与防水锤阀芯上的缓冲弹簧将管路中突然产生的巨大能量缓慢吸纳从而有效地防止了水锤的产生。

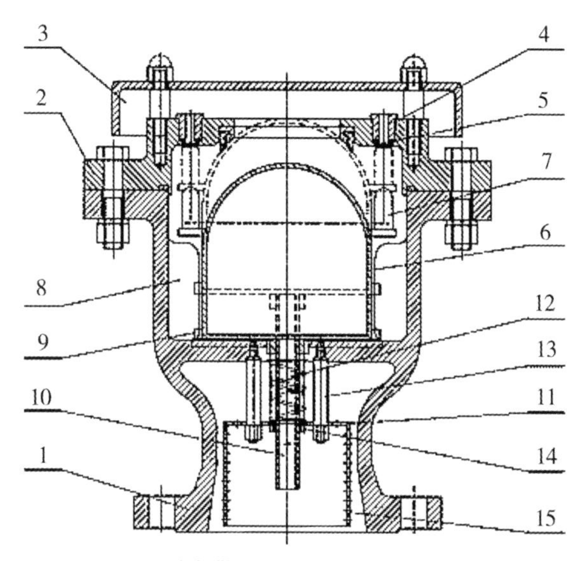

图 2.6　一种自带水锤防护装置的高速进排气阀

1. 阀体；2. 阀盖；3. 压盖；4. 微量排气阀座；5. 微量排气阀座密封圈；6. 浮球；7. 密封柱；8. 阀体导向筋；9. 浮球导向块；10. 导向杆；11. 防水锤阀芯；12. 缓冲弹簧；13. 阀芯导杆；14. 弹簧座；15. 通孔

2.4　复合式进排气阀

复合式进排气阀是高速排气阀和微量排气阀的结合，充分发挥了两种排气阀的优点，避免了它们的不利影响。该复合式进排气阀具有一个大进气口和一个小出气口，当空管管道慢慢充满水时能够进行快速排气，在排气后又具有自动密封的功能。当管道在注满水时，为了避免管道内气体汇聚成气囊对水流管道形成阻碍，吸排气阀会自动并且快速地将管道里的气体从排气孔排出；因为管道的温度和压力都会随着流体流动而改变，所以小排气孔能够自动将聚集在流体中的空气而形成的气囊顺利排出；吸排气阀能够在管道产生负压时自动并快速吸进气体，避免由于负压对管道造成破坏，而当管道内气体排完时，吸排气阀还可以自动吸进大量的气体，使得排水速度增快，大大缩短了停水时间。复合式进排气阀为了排除管道内气体，应该安装在缓闭阀出口、管道最高点、局部凸点和长距离大坡度上升段，让管道能够进行疏通，以达到正常工作[12]。

根据功能差异分为普通复合式进排气阀和缓闭式吸排气阀。普通复合式进排气阀主要由阀体、阀盖、浮球、阀座、密封圈、压盖、微量排气阀组成。它的主排气阀进、排气量大，自由浮球式的结构，阀内构件很少，因此结构简单可靠。虽然普通的复合式进排气阀可以满足大量进排气和少量排气的要求，但由于进排气是非常快速的过程，对水柱分离和水锤的出现没有明显的改善作用。缓闭式吸排气阀结构主要由喷口座、防水锤缓冲片、吸排气阀阀体、高压微量排气阀、吸排气阀阀盖、滤网、喷口密封圈、浮球组成。缓闭式吸排气阀在工作中，吸气时，浮球置于底部，空气流入吸排气阀进入管道；排气时，先通过顶部大孔排气，当达到一定压差时，底部缓冲片被抬起，以较小的流速排出空气，达到防止弥合水锤升压的作用[13]。缓闭式吸排气阀由于能够弥补普通复合式进排气阀的缺陷而得到了广泛应用。

图 2.7 是一种缓闭型复合式吸排气阀，它由高压微量排气孔和低压大量进排气孔组成，同时在吸排气阀的下端安装了可自由滑动式防水锤缓冲片装置。

该吸排气阀工作原理及结构特点如下：

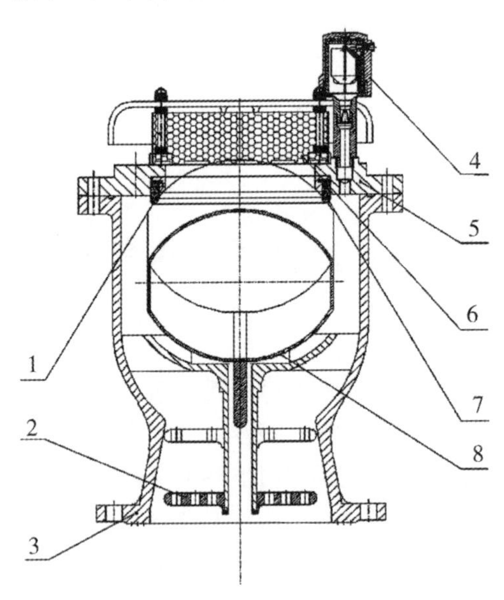

图 2.7　缓闭型复合式吸排气阀

1. 喷口座；2. 防水锤缓冲片；3. 吸排气阀阀体；

4. 高压微量排气阀；5. 吸排气阀阀盖；6. 滤网；7. 喷口密封圈；8. 浮球

1）在管道系统初次充水阶段，管道需要大量排气，以确保管道上水流畅。此时管道压力比较低，防水锤缓冲片所受气流升力小于其自身的重力，缓冲片不动作，吸排气阀排气方式如图 2.8 所示。

2）当输水管道正常运行时，此时水充满吸排气阀，浮力带动浮球密封大的排气孔。此时管道中残留的部分气团聚集在管道的高点进入吸排气阀内，当气团压力达到一定值时，高压微量排气阀开启，排出吸排气阀中聚集的微量气团。气体排尽后高压微量排气阀自带关闭。此时吸排气阀排气方式如图 2.9 所示。

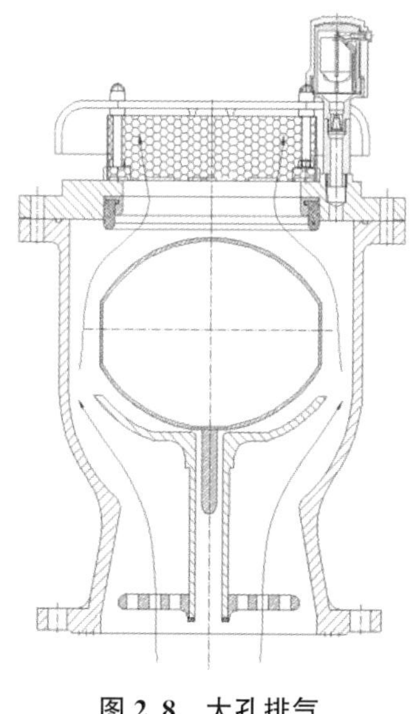

图 2.8　大孔排气

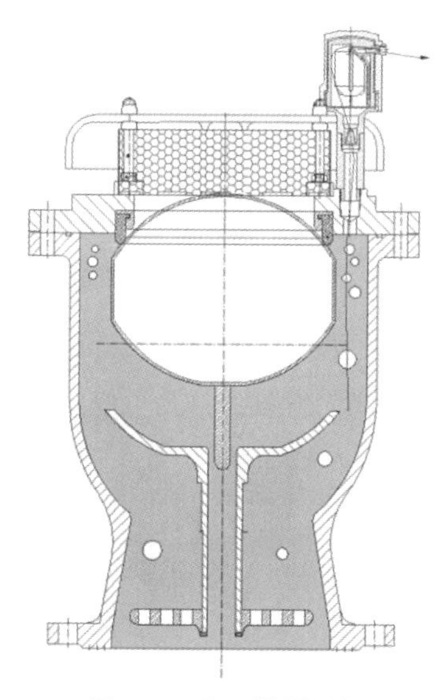

图 2.9　高压微量排气

3）在管道系统放水时，管道凸起部位呈负压状态，吸排气阀吸气，浮球下落到原位。此时吸排气阀吸气方式如图 2.10 所示。

4）在输水管道发生弥合水锤时，吸排气阀主要作用大量吸气防止管道负压传播；同时又缓慢排气防止弥合水锤升压。吸排气阀缓慢排气方式如图 2.11 所示。

图 2.12 是一种典型的复合式进排气阀结构[14]，该复合式排气阀是一种具有多级微量排气阀的高速进排气阀，主要结构包括阀体，阀体顶部配合固定有阀盖，阀盖顶部固定有压盖，阀体与阀盖之间设有密封圈，阀体内腔设有浮球，浮球的偏上端面处设有多个密封柱，阀盖在多个密封柱正上方对应的位置处设有相应数量的微量排气阀座，微量排气阀座底部设有微量排气阀密封圈，

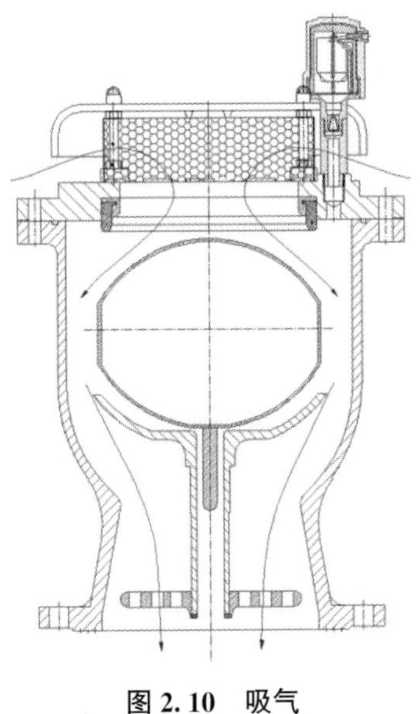

图 2.10　吸气

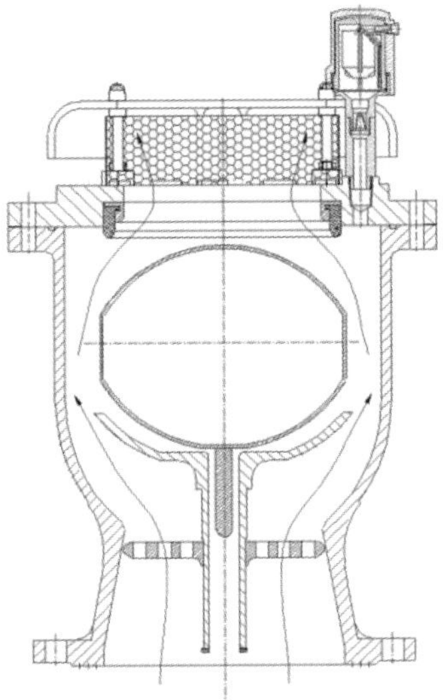

图 2.11　小孔排气

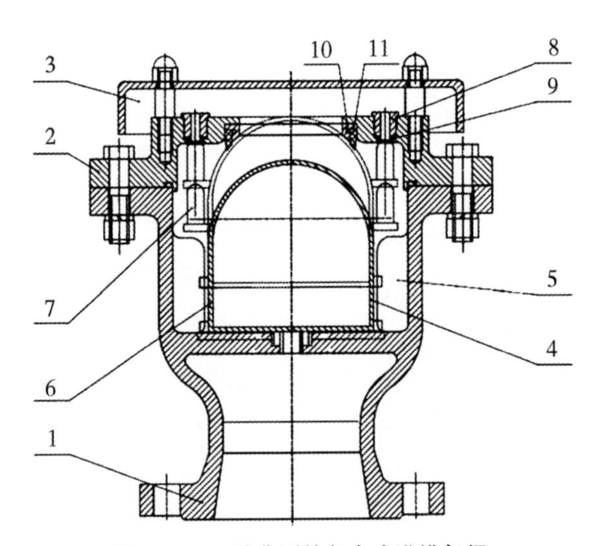

图 2.12　一种典型的复合式进排气阀

1. 阀体；2. 阀盖；3. 压盖；4. 浮球导向块；5. 阀体导向筋；6. 浮球；
7. 密封柱；8. 微量排气阀座；9. 微量排气阀密封圈；10. 阀座；11. 软密封阀座

阀盖与上升的浮球顶端接触处设有阀座，阀座下方设有软密封阀座。该进排气阀设计有多级微量排气阀结构，在进排气阀盖上增设两个或多个微量排气阀阀座部件与浮球上的密封柱共同构成微量排气阀，将微量排气阀与进排气阀集于一体。这样使阀门的整体体积较传统结构要更少，占用安装空间也相应地减少，两个或多个微量排气阀的设计使排气效果更好。该阀的微量排气工作方式：直接在阀盖上设有微量排气阀座、微量排气阀密封圈，在浮球上设有密封柱，当水进入阀体的体腔内将浮球浮起，浮球上的密封柱也随之上升将阀座以及软密封阀座压紧从而达到密封的效果，当体腔内的气体聚集到一定量时，浮球将微量下降，密封柱也随之下降，气体从微量排气阀座排出，实现带压工作微量排气的目的。

2.5　本章小结

本章主要介绍了不同种类吸排气阀的典型结构与特性，说明了各种吸排气阀的结构特征、应用场景和性能特性，主要包括有以下 4 类：

1）微量排气阀：微量排气阀存在于许多输水系统中，用于排除水路中的微量空气。工作中通过流体对吸排气阀内浮球的升降，在管道系统运行时清除少许残留在管道的气体，实现吸排气阀的关闭和开启。

2）吸气阀：吸气阀是一种只用于吸气的进排气阀类型，采用吸气阀可以在不设通气管道的情况下稳定维持管内压力，又可称为真空破坏器，或是破真空阀。吸气阀通常应用于易产生真空的水力和管道系统中，用于在系统形成负压时吸入空气，从而有效保护水力系统。

3）高速进排气阀：高速进排气阀通常用于大、中口径的给水压力管道；其主要特点是改进了原排气阀的结构，调整了浮球的比重，因此，吸入和排出能力大，通水效率大大提高，管道运行安全和经济。

4）复合式进排气阀：复合式进排气阀是高速排气阀和微量排气阀的结合。为了排除管道内气体，复合式吸排气阀通常安装在缓闭阀出口、管道最高点、局部凸点和长距离大坡度上升段，让管道能够进行疏通，以达到正常工作。

本章参考文献

[1]　王芳. 长距离输水管道空气阀参数优化研究 [D]. 哈尔滨工业大学，2013.

[2]　韩建军，张天天，陈立志，等. 大落差重力输水工程关阀控制对水锤防护效果 [J]. 黑龙江水利，2015（2）：4－6.

[3]　安荣云. 微量排气阀在长距离输水管线上的应用 [J]. 科技创新导报，2014（03）：79.

[4] 李海心. AWWA M51 对给水管线排气阀设置及选用的借鉴 [J]. 科学技术创新，2019 (05)：144-145.

[5] 常永红，廖志芳，王荣辉，等. 一种自带过滤功能的微量排气阀 [P]. 天津：CN207609832U，2018-07-13.

[6] 蒋应喜，杨晶，张小龙，等. 一种泵用吸气阀 [P]. 陕西省：CN211819858U，2020-10-30.

[7] 王华梅. GP 新型双孔复合式高速进排气阀特点和应用 [J]. 科技视界，2018 (19)：41-42.

[8] 梁佩宇，肖睿书，莫涛涛. 采用高速进排气阀防止给水管网爆管事故 [J]. 中国建筑金属结构，2013 (23)：80-82.

[9] 张彦平. 气缸式排气阀在输水管线改造中的应用 [J]. 中国给水排水，2007 (04)：23-25.

[10] 常永红，廖志芳，李志鹏，等. 一种具有独特设计浮球的高速进排气阀 [P]. 天津：CN206093171U，2017-04-12.

[11] 廖志芳，常永红，李志鹏，等. 一种自带防水锤装置的高速进排气阀 [P]. 天津：CN206093179U，2017-04-12.

[12] 樊建军，胡晓东，石明岩. 复合式排气阀用于长距离输水系统水锤防护 [J]. 广州大学学报（自然科学版），2010，9 (01)：57-61.

[13] 徐放. 输水管路空气阀结构参数与水锤防护效果研究 [D]. 长沙理工大学，2018.

[14] 廖志芳，常永红，李志鹏，等. 一种具有多级微量排气阀的高速进排气阀 [P]. 天津：CN206093155U，2017-04-12.

第3章　吸排气阀设计理论

长距离输水管道，在停泵和关阀过程中，管道的水力波动很大。作为重要的水锤防护设备吸排气阀，其进气和排气是一个复杂多变的动态过程。目前针对吸排气阀相关的设计规范和流量计算公式都没有形成统一的标准，吸排气阀在排气和进气的过程与气流在喷管中的流动特性相似[1]。因此可通过分析喷管中的气流特性[2]，推导出吸排气阀在进气和排气过程中相关的流量计算公式，以便分析吸排气阀进排气特性。

3.1　吸排气阀的喷管气流特性

3.1.1　喷管气流基本方程

气流流经喷管时可视为稳定的或接近稳定的流动，由于受到喷管流道结构及摩擦力的影响同一截面上各点的状态参数都是不一样。为了研究问题的方便，可将喷管截面上各参数的平均值作为该点的参数值进行一维的数值分析与推导。如3.1所示，是一个简化的一维喷管流动示意图，以入口和出口的状态参数作为边界参数进行理论分析。

（1）气流连续性方程

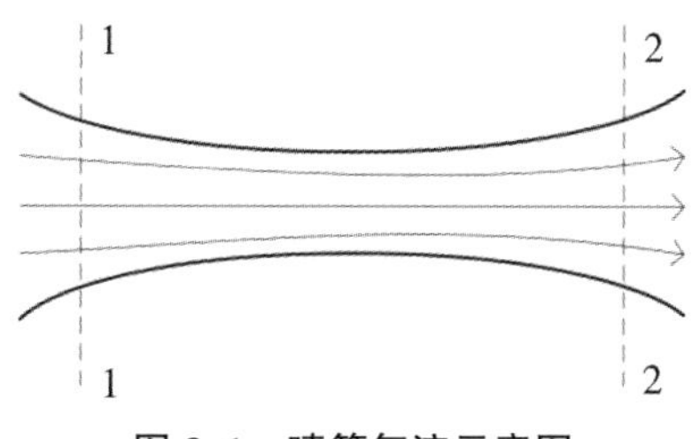

图3.1　喷管气流示意图

1. 气流进口端；2. 气流出口端

当喷管气流达到稳定流动状态时，单位时间内流入喷管的气体质量应该等于流出喷管的气体质量，根据质量守恒定律有

$$q_{m1}=q_{m2}=\frac{A_1 c_{f_1}}{v_1}=\frac{A_2 c_{f_2}}{v_2} \tag{3.1}$$

式中：q_{m1}、q_{m2}——截面1-1和2-2的质量流量，kg/s；

c_{f_1}、c_{f_2}——截面1-1和2-2的流速，m/s；

v_1、v_2——比体积（密度倒数），m^3/kg；

A_1、a_2——流道截面积，m^2。

（2）理想气体状态方程

$$pv=R_g T \tag{3.2}$$

由于流体流经喷管时气流速度快、时间短与外界的换热也很少，不考虑壁面的摩擦热损失，故可把喷管的进排气过程看作可逆的绝热过程，即为定熵流动。

理想气体的定熵过程方程式为：

$$p_1 v_1^k=p_2 v_2^k=\text{常数} \tag{3.3}$$

式中：k——气体的比热比。

为了便于计算喷管各参考点的状态参数，需要引入定熵滞止参数。通常把气体在定熵流动的过程中，因受到某种物体的阻碍，而流速降为零的过程称为绝热滞止过程，此时气体的参数称为定熵滞止参数。气流滞止时的温度和压力分别称为滞止温度 T_0，滞止压力 p_0。

对于理想气体的定熵流动，定压比热容 c_p 近似为定值，喷管中各参考点的焓值、压力及温度的关系式如下。

$$c_p=\frac{k}{k-1}R_g \tag{3.4}$$

$$dh=c_p dT \tag{3.5}$$

$$T_0=T+\frac{c_f^2}{2c_p} \tag{3.6}$$

$$p_0=p\left(\frac{T_0}{T}\right)^{\frac{k}{k-1}} \tag{3.7}$$

式中：c_p——定压比热容，J/(kg·k)；

h——热力学焓值，J/kg；

T_0——滞止温度，K；

p_0——滞止压力，Pa；

T_g——气体常数，287.1J/(kg·k)。

(3) 稳定流动能量方程

气体在任一流道内作稳定流动，服从稳定流动能量方程式

$$q=(h_2-h_1)+\frac{c_{f_2}^2-2_{f_1}^2}{2}+g(z_2-z_1)+w_i \tag{3.8}$$

对于绝热流动的喷管，由于气体位能变化极小，且对外不做功，则气流能量方程可简化为：

$$h_0=h_1+\frac{c_{f_1}^2}{2}=h_2+\frac{c_{f_2}^2}{2}=h+\frac{c_f^2}{2} \tag{3.9}$$

式中：h_0——喷管进口处滞止焓值，J/kg；

h_1、h_2——喷管进口和出口的气流焓值，J/kg；

c_{f_1}、c_{f_2}——喷管进口和出口的气流速度，m/s；

w_i——过程功，J/kg。

由式 (3.5)～(3.9) 可得

$$h_0=c_pT_0=c_pT_1+\frac{c_{f_1}^2}{2}c_pT_2+\frac{c_{f_2}^2}{2}=c_pT+\frac{c_f^2}{2} \tag{3.10}$$

式中：T——任一截面上气流的绝对温度，K；

c_f——任一截面上气流的速度，m/s。

3.1.2　喷管出口气流速度

根据以上喷管基本方程可推导出气流流经喷管后，出口处气流速度表达式为

$$c_{f_2}=\sqrt{2(h_0-h_2)}=\sqrt{2c_p(T_0-T_2)}=\sqrt{2\frac{KR_g}{k-1}(T_0-T_2)}$$

$$=\sqrt{2\frac{kp_0v_0}{k-1}\left[1-\left(\frac{p_2}{p_0}\right)^{\frac{k-1}{k}}\right]} \tag{3.11}$$

式中：c_{f_2}——喷管出口的气流速度，m/s；

p_0——喷管入口处滞止压力即入口总压，Pa；

p_2——喷管出口处压力，Pa；

v_0——喷管入口处比体积（密度倒数），m^3/kg；

k——气体的比热比。

由上述关系式可看出，喷管出口的气流速度主要取决于出口压力与入口滞止压力之比 p_2/p_0。当入口滞止压力 p_0 不变时，随着出口压力 p_2 的降低，喷

管出口的气流速度 c_{f2} 逐渐增大，初期增大较快，随后逐渐减慢，如图 3.2 所示。当出口压力 p_2 趋向于零时流速达到无穷大，实际上压力趋于零时，比体积趋于无穷大，并不存在这样的工况。因此喷管出口的流速存在一个极限值，即当气流速度增大到当地声速时，达到临界状态。再减小喷管出口的压力，流速不再增大。此时通过喷管截面的气流压力 p_{cr} 和速度 $c_{f_{cr}}$ 分别为临界压力和临界流速。

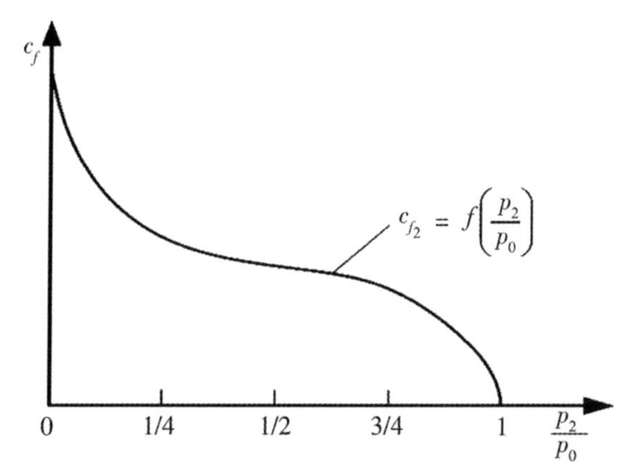

图 3.2　喷管出口流速大小与 p_2/p_0 关系

在临界状态下，理想气体在定熵流动过程中，当地声速表达式为：

$$c_{cr}=c_{f\cdot cr}=\sqrt{kp_{cr}v_{cr}} \tag{3.12}$$

联立式（3.3）、（3.12）可得临界压力与喷管入口滞止压力有如下关系，即临界压力比。

$$\frac{p_{cr}}{p_0}=\left(\frac{2}{k+1}\right)^{\frac{k}{k-1}} \tag{3.13}$$

将（3.13）式代入临界状态下喷管出口气流速度公式（3.11）可得临界流速计算表达式为：

$$c_{f\cdot cr}=\sqrt{2\frac{k}{k+1}p_0v_0} \tag{3.14}$$

3.1.3　喷管出口质量流量

对于理想气体，取定值比热容，空气双原子分子气体比热比 $k=1.4$，则临界压力比

$$\frac{p_{cr}}{p_0}=\left(\frac{2}{k+1}\right)^{\frac{k}{k-1}}=\left(\frac{2}{1.4+1}\right)^{\frac{1.4}{1.4-1}}=0.5283 \tag{3.15}$$

当喷管出口压力与入口滞止压力之比$\frac{p_2}{p_0} \geqslant 0.5283$时，此时喷管内的气流特性为亚音速状态。由（3.1）式与（3.11）式联立可得，喷管出口处质量流量表达式为：

$$q_m = A_2 \sqrt{2 \frac{k}{k-1} p_0 \rho_0 \left[\left(\frac{p_2}{p_0} \right)^{\frac{2}{k}} - \left(\frac{p_2}{p_0} \right)^{\frac{k+1}{k}} \right]} \tag{3.16}$$

当喷管出口压力与入口滞止压力之比$\frac{p_2}{p_0} < 0.5283$时，此时喷管内的气流特性为临界流速状态。由（3.1）式与（3.15）式联立可得，此时喷管出口处质量流量表达式为：

$$q_m = A_2 \sqrt{k p_0 \rho_0 \left(\frac{2}{k+1} \right)^{\frac{k+1}{k-1}}} \tag{3.17}$$

式中：q_m——喷管出口质量流量，kg/s；

p_0——喷管入口处滞止压力即入口总压，Pa；

p_2——喷管出口处压力即出口大气压，Pa；

ρ_0——喷管入口处气体密度，kg/m^3；

A_2——喷管出口截面积，m^2；

k——气体的比热比。

喷管的质量流量在亚临界状态下，其大小主要由喷管出口压力与喷管入口滞止压力之比 p_2/p_0 决定；在临界状态下主要与喷管入口滞止压力 p_0 相关。

吸排气阀的排气与进气过程可看作是喷管往两个相反方向的喷气过程。在排气时吸排气阀从管道向空气侧喷气；吸气时吸排气阀从吸排气阀侧往管道喷气。由于吸排气阀在排气与吸气过程，进出口的边界参数是个复杂多变的过程，因此在分析吸排气阀的进排气特性时，需考虑吸排气阀所处的工况分别计算。

3.2　吸排气阀的数学模型

吸排气阀的排气和吸气是一个极其复杂的动态过程，这 2 个不同的阶段过程中涉及气液两相流。当前对吸排气阀的数值模拟依旧采用 Wylie[3] 和 Streeter[4] 等人所提出的数学模型，该模型需建立在下列 4 个假设条件上[5,6]：

（1）空气等熵流入或流出阀门；

（2）通过吸排气阀进入管道中的空气一直处于等温状态。由于管道内空气相对较少，同时与管壁和液体的接触面积很大，因此管道中空气和液体的温度相同；

（3）通过吸排气阀进入管道内的空气停留在吸排气阀位置的管道周围；

（4）液体表面高度基本不变，空气体积与管段内液体体积相比很小。

基于以上四个假设，流过阀的空气质量取决于管外大气的绝对压力 P_0、绝对温度 T_0 以及管内的绝对压力 P 和绝对温度 T。分以下 4 种情况建立模型。

（1）空气以亚音速流入（$P_0>P>0.528P_0$）：

$$\dot{m}=C_1A_1\sqrt{7P_0\rho_0\left[\left(\frac{P}{P_0}\right)^{1.4286}-\left(\frac{P}{P_0}\right)^{1.7143}\right]} \tag{3.18}$$

（2）空气以临界流速流入（$P\leqslant 0.528P_0$）：

$$\dot{m}=C_1A_1\frac{0.686}{\sqrt{RT_0}}P_0 \tag{3.19}$$

（3）空气以亚音速流出$\left(\frac{P_0}{0.528}>P>P_0\right)$：

$$\dot{m}=-C_2A_2P\sqrt{\frac{7}{RT}\left[\left(\frac{P}{P_0}\right)^{1.4286}-\left(\frac{P}{P_0}\right)^{1.71413}\right]} \tag{3.20}$$

（4）空气以临界速度流出$\left(p>\frac{p_0}{0.528}\right)$：

$$\dot{m}=-C_2A_2\frac{0.686}{\sqrt{RT_0}}R \tag{3.21}$$

式中：$\dot{m}$——空气质量流量；

C_1——进气时吸排气阀的流量系数；

C_2——排气时吸排气阀的流量系数；

A_1——进气时吸排气阀的流通面积；

A_2——排气时吸排气阀的流通面积；

ρ_0——大气密度；

R——气体常数。

式（3.18）～（3.21）为吸排气阀的边界条件方程，联立这些公式即可求解。

3.3　吸排气阀进排气特性

3.3.1　吸排气阀流量系数

对于喷管的气流流动研究时，气体介质为空气并假设气体为理想气体，整个流场设置为定熵过程，由于吸排气阀阀体内结构较为复杂，拥有吸气与排气两个功能，并且实际气体还具有一定的黏性，因此在进出口压差不变的情况下，喷管理论进排气流量与吸排气阀实际进排气流量还是有一定的偏差。定义吸排气阀流量系数为实际流量大小与同孔径喷管理论流量大小之比，其流量系数表达式如下：

$$c=\frac{m}{m_0} \tag{3.22}$$

式中：c——进排气质量流量系数；

m——通过吸排气阀实际质量流量，kg/s；

m_0——理论质量流量，kg/s。

3.3.2　吸排气阀质量流量

原吸排气阀为缓闭型复合式吸排气阀，根据其结构特点，吸排气阀主要分为三种工况即排气、吸气和正常运行时微量排气。其中排气工况，根据防水锤缓冲片是否动作又分为“大孔排气”和“小孔排气”。对此，主要研究吸排气阀大量进排气流量特性，对于微量排气阀不作考虑。下面对吸排气阀按照排气和吸气工况分别给出各自的流量计算公式。

（1）排气工况

吸排气阀以亚音速等熵排气$\left(1.893>\frac{p}{p_0}\geqslant 1\right)$

$$m_{out}=C_{out}A_{out}\sqrt{2p\rho\left(\frac{k}{k-1}\right)\left[\left(\frac{p_a}{p}\right)^{\frac{2}{k}}-\left(\frac{p_a}{p}\right)^{\frac{k+1}{k}}\right]} \tag{3.23}$$

吸排气阀以临界流速等熵排气$\left(\frac{p}{p_a}\geqslant 1.893\right)$

$$m_{out}=C_{out}A_{out}\sqrt{kp\rho\left(\frac{2}{k+1}\right)^{\frac{k+1}{k-1}}} \tag{3.24}$$

式中：m_{out}——吸排气阀排气质量流量，kg/s；

A_{out}——吸排气阀排气时出口面积，取吸排气阀空气端口径大小作为排气孔径

$$D_{out}=D_N=300\text{mm}，计算可得\ A_{out}=\pi\left(\frac{D_{out}}{2}\right)^2=0.071\text{m}^2；$$

c_{out}——吸排气阀排气流量系数；

ρ——吸排气阀排气进口处气体密度，取吸排气阀管道端滞止密度，kg/m^3；

p——吸排气阀排气进口处气体压力，取吸排气阀管道端滞止压力即入口总压，Pa；

p_a——吸排气阀排气出口处气体压力，取大气压 101325Pa；

k——气体的比热容比，取空气双原子分子气体 $k=1.4$。

（2）吸气工况

吸排气阀以亚音速等熵流进$\left(1>\dfrac{p}{p_a}>0.5283\right)$

$$m_{in}=C_{in}A_{in}\sqrt{2p_a\rho_a\left(\frac{k}{k-1}\right)\left[\left(\frac{p}{p_a}\right)^{\frac{2}{k}}-\left(\frac{p}{p_a}\right)^{\frac{k+1}{k}}\right]} \tag{3.25}$$

吸排气阀以临界流速等熵流进$\left(\dfrac{p}{p_a}\leqslant 0.5283\right)$

$$m_{in}=C_{in}A_{in}\sqrt{kp_a\rho_a\left(\frac{2}{k+1}\right)^{\frac{k+1}{k-1}}} \tag{3.26}$$

式中：m_{in}——吸排气阀进气质量流量，kg/s；

C_{in}——吸排气阀的进气流量系数；

A_{in}——吸排气阀吸气时出口端面积，取吸排气阀管道端口径大小作为吸气孔径

$$D_m=D_N=300\text{mm}，计算可得\ A_{in}=\pi\left(\frac{D_{in}}{2}\right)^2=0.071\text{m}^2；$$

p——吸排气阀吸气出口处绝对压力，取吸排气阀管道端绝对压力，Pa；

p_a——吸排气阀吸气入口处压力，取大气压力，101325Pa；

ρ_a——空气密度，kg/m^3。

3.4　吸排气阀设计的数值模拟方法

泵阀类流体机械在研发过程中通常有三种方法：理论计算、实验测量和数值仿真；在三种分析方法中，理论分析的结果在原理上是比较可靠，但该方法对分析者的理论和知识水平要求较高。在操作和条件合理的情况下，实验测量的结果是三种方法中最为可靠的；但实验有着周期稍长、成本高的问题，更适合应用在研究和设计的中后期和性能验证阶段。采用数值模拟进行流体设备的分析，是目前流体机械研发中最常用的手段之一，该方法可以认为是在计算机中进行模拟的实验。数值模拟具有分析周期快、成本低的优点、同时数值计算可以得到可视化的流场结果，所以几乎所有流体机械的设计都离不开仿真计算。但仿真计算的结果存在可靠性的问题，这与使用者的熟练度和计算对象有较大关联。目前，在吸排气阀的研发中数值模拟已经得到了广泛的应用和认可。

3.4.1　CFD 数值模拟方法

计算流体力学 CFD 是一种由计算机模拟流体流动、传热及相关传递现象的系统分析方法和工具。CFD 的基本原理是：对流场的控制方程采用计算数学的方法将其离散到一系列网格节点上；再通过一定的原则和方式建立离散点流场变量关系的代数方程组；然后求解代数方程组获得流场变量的近似解。其中流场的基本控制方程包括：质量守恒定律、动量守恒定律和能量守恒定律，由它们分别导出连续方程、动量方程（N-S 方程）和能量方程。

（1）连续性方程

连续性方程即质量守恒方程，按照质量守恒定律，单位时间内流出管道的气体净质量总和等于同时间间隔管道内因为密度变化而减少的质量。

连续性方程表达式为：

$$\frac{\partial \rho}{\partial t}+\frac{\partial}{\partial x_i}(\rho u_i)=0 \tag{3.27}$$

式中：ρ——流体密度，kg/m^3；

u_i——流体速度沿 i 方向的分量，m/s。

（2）动量方程

满足牛顿第二定律是流体动量方程的本质。牛顿第二定律可以描述为：对于一个给定的流体微元体，其动量对时间的变化率等于外界作用于该微元体上的各种力之和。

动量守恒方程表达式为：

$$\frac{\partial}{\partial t}(\rho u_i)+\frac{\partial}{\partial x_j}(\rho u_i u_j)=-\frac{\partial p}{\partial x_i}+\frac{\partial \tau_{ij}}{\partial x_j}+\rho g_i \tag{3.28}$$

式中：p——流体静压力，Pa；

τ_{ij}——分子黏性作用而产生的作用在微元体表面上的黏性应力矢量，Pa；

ρg_i——i 方向的重力分量，N。

（3）能量守恒方程

单位时间内外界给予控制体的热量、功及控制面流入控制体的能量之和等于单位时间内控制体中流体能量的增加。

能量守恒方程表达式为：

$$\frac{\partial}{\partial t}(ph)+\frac{\partial}{\partial x_i}(\rho u_i h)=\frac{\partial}{\partial x_i}(k+k_t)\frac{\partial T}{\partial x_i}+S_h \tag{3.29}$$

式中：h——热力学焓值，J/kg；

k——流体分子传导率；

k_t——由于流体湍流传递而引起的传导率；

S_h——定义的体积源。

（4）气体状态方程

由以上的质量守恒、动量守恒及能量守恒方程可知，共有 u、v、w、p、T、ρ 六个未知量，为了使方程封闭还需要补充一个联系 p 和 ρ 的状态方程

$$pV=\rho RT \tag{3.30}$$

式中：p——气体压强，Pa；

V——气体体积，m^3；

ρ——气体密度，kg/m^3；

R——气体常数，空气的 R 值为 287，J/(kg·k)；

T——气体热力学温度，k。

（5）湍流模型

吸排气阀流体介质采用的是理想气体，通过 Fluent 求解质量、动量、能量守恒方程。空气在吸排气阀中的流动，流速大，属于湍流模型。当流场是湍流时，还需要解附加运输方程。现有的湍流模型数值计算方法有 3 种：直接数值模拟法（DNS）、大涡模拟法（LES）和雷诺时均方程法（RANS）。其中直接数值模拟和大涡模拟计算量大；对于吸排气阀流场的数值模拟可采用雷诺时

均方程法（RANS），该计算模型将流动的质量方程、动量方程和能量运输方程进行统计平均后计算，它不需要计算各种尺度的湍流脉动，只计算平均运动，计算量小，因此它在工程中得到了广泛应用。

吸排气阀流场的数值模拟采用的是 RANS 中标准的 $k-\varepsilon$ 模型，该模型是半经验公式，主要是基于湍流动能和扩散率。湍流动能方程 k 方程是个精确方程，而湍流耗散率方程 k 方程是半经验公式导出的方程。

湍流动能 k 方程

$$\rho\frac{\partial k}{\partial t}=\frac{\partial}{\partial x_i}\left[\left(\mu_l+\frac{\mu_t}{\sigma_k}\right)\frac{\partial k}{\partial x_i}\right]+G_k+G_b-\rho\varepsilon \tag{3.31}$$

湍流能耗散率 ε 方程

$$\rho\frac{\partial \varepsilon}{\partial t}=\frac{\partial}{\partial x_i}\left[\left(\mu+\frac{\mu_t}{\sigma_\varepsilon}\right)\frac{\partial \varepsilon}{\partial x_i}\right]+G_{1\varepsilon}\frac{\varepsilon}{k}(G_k+G_\mu G_b)-C_{2\varepsilon}\rho\frac{\varepsilon^2}{k} \tag{3.32}$$

$$\mu_t=\rho C_\mu\frac{k^2}{\varepsilon} \tag{3.33}$$

式中：μ_l——层流黏性系数；

μ_t——湍流黏性系数；

G_k——由层流速度梯度而产生的湍流动能；

G_b——由浮力产生的湍流动能；

μ——有效黏性系数 $\mu=\mu_i+\mu_l$；

$C_{1\varepsilon}$、$C_{2\varepsilon}$、C_μ、σ_k 和 σ_ε——经验常数。

在标准 k-ε 模型中，根据 Launder 等推荐值及后来的实验验证，fluent 软件一般取值为 $C_{1\varepsilon}=1.44$、$C_{2\varepsilon}=1.92$、$C_\mu=0.09$、$\sigma_k=1.0$、$\sigma_\varepsilon=1.3$。

3.4.2　吸排气阀的数值仿真方法

以复合吸排气阀为例探讨吸排气阀的数值仿真方法。吸排气阀的基本结构主要分三大部分：一是外壳组件，由压盖、阀盖、阀座和阀体组成；二是浮体组件，由浮球托盘或浮体罩、浮体、导向杆组成；三是缓冲组件，由缓冲板或节流塞、缓冲阀体组成。复合式吸排气阀，是高速进排气阀与微量排气阀的组合，一般设置在管线平坦段或管线起伏不大处，具有三个功能：微正压下高速排气、微负压下高速吸气、有压下微量排气。仿真案例的吸排气阀结构如图 3.3 所示，主要由阀体、浮球、护筒、阀盖、密封圈、防虫网、防雨盖组成的复合式高速进排气阀，其口径为 DN300，公称压力 PN10。

吸排气阀应能在管道首次进水时自动快速排出管道中的大量气体，进水后吸排气阀应关闭。吸排气阀必须具有高速排气能力，要求完全避免管道内空气

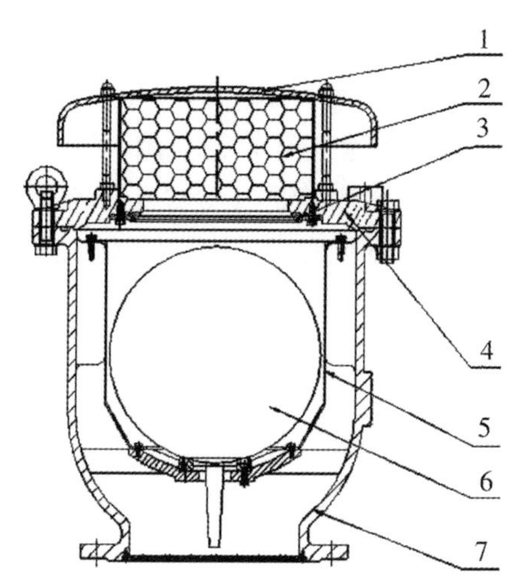

图 3.3　复合式高速进排气阀结构示意图

1. 防雨盖；2. 防虫网；3. 密封圈；4. 阀盖；5. 护筒；6. 浮球；7. 阀体

未排空时吸排气阀关闭的现象，以保证管道充水顺畅进行。在快速排气过程中，无论排出的气流有多快，大孔口浮球（筒）都不会被吹起而发生气闭现象。复合吸排气阀的大孔应为全通径结构，阀腔内气流通道任何位置的截面积不得小于阀门的公称尺寸，当管道压力降至大气压力时，应能迅速可靠地打开，以确保输水管道内不产生负压。复合式吸排气阀能够快速自动地排除管道正常行水时产生的气体，在管道存在多段水柱气柱或存在多个不连续气囊条件下，能够快速、大量地排除管道内存留的空气。

3.4.3　吸排气阀数值模拟的模型与网格

进行仿真的吸排气阀是一种缓闭型复合式吸排气阀。根据其结构特点和工作原理，当吸排气阀排气压差比较小时，气流升力不足以顶起缓冲片，此时排气面积最大，定义该工况下的排气特性为"大孔排气"；当吸排气阀排气压差逐渐增大到使防水锤缓冲片升力大于其重力时，缓冲片上升到最小节流面位置，此时排气面积最小，定义该工况下的排气特性为"小孔排气"；当管道发生负压需要通过吸排气阀补气进气时，此时缓冲片下落到原位，定义该工况进气特性为"吸气"。吸排气阀高压微量排气孔，只能排气不进气，并且只在管道正常运行时排出管道中析出的微量气体，因此在分析吸排气阀进排气特性时可不考虑高压微量排气孔的影响，同时不考虑吸排气阀出口滤网对进排气影响。根据吸排气阀各零件尺寸，采用 SolidWorks 三维软件按照 1∶1 大小绘制三维模型，绘制后的三维模型如图 3.4 所示。

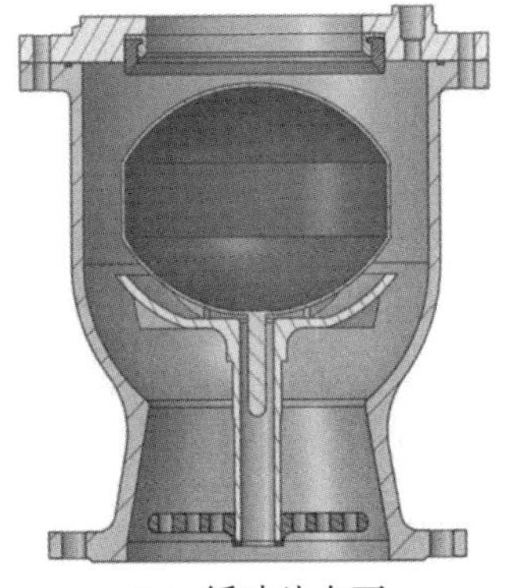

（a）缓冲片在下

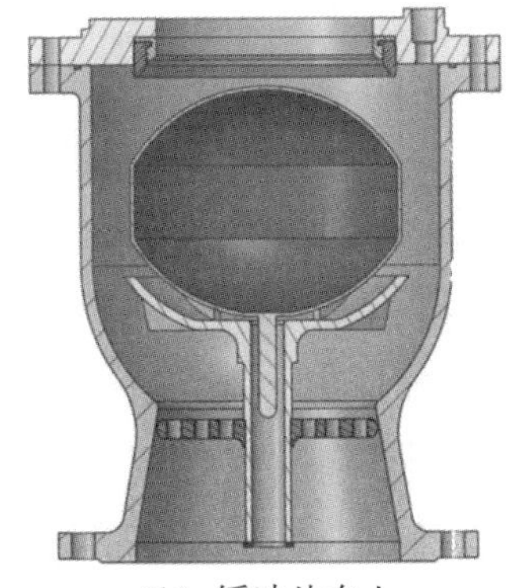

（b）缓冲片在上

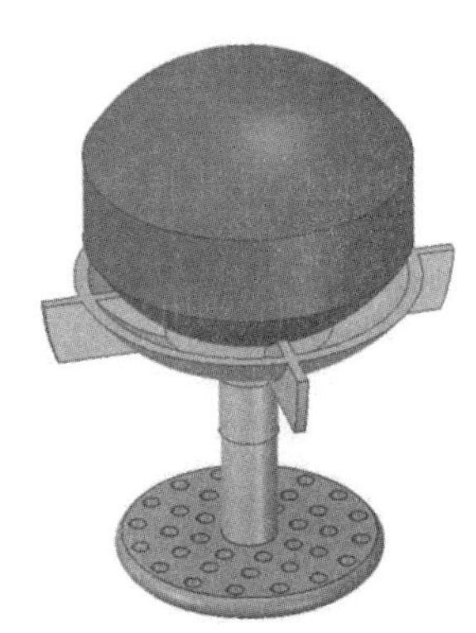

（c）阀体内部结构

图 3.4　吸排气阀三维模型

影响吸排气阀进排气特性，主要是阀体结构及进出口孔径大小。因此可对吸排气阀流体域进行必要的简化处理，优化吸排气阀内部流场细微边角、圆角，简化对吸排气阀进排气流场影响甚微的细小凸台。

吸排气阀进排气，分为三类边界工况“大孔排气”“小孔排气”和“吸气”。对这三类工况的吸排气阀三维模型分别抽取流体域，抽取后的模型如图 3.5 所示。为了让计算域进出吸排气阀能够充分发展，防止 Fluent 计算时产生回流，可将吸排气阀的进口出边界作一定距离的延伸，这样可提高 Fluent 数值模拟收敛精度。

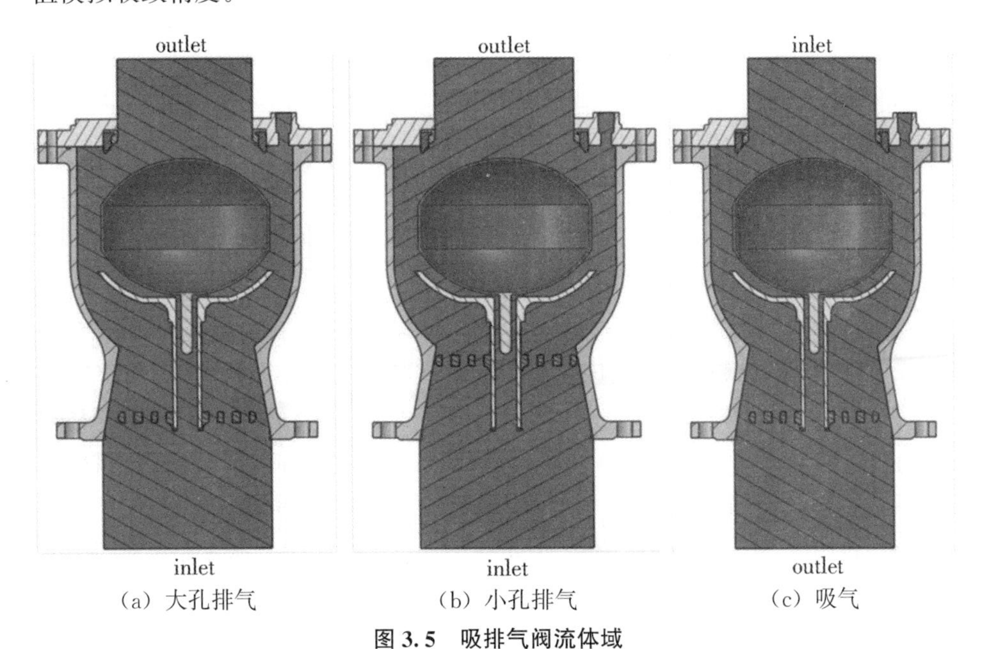

（a）大孔排气　　（b）小孔排气　　（c）吸气

图 3.5　吸排气阀流体域

对吸排气阀抽取流体域，采用 Fluent 自带的预处理网格模块 Fluent meshing 进行网格绘制。Fluent meshing 在非结构网格绘制方面，相比其他网格绘制软件具有更加强大的网格修复功能；能够让网格模型与物理模型适应性更强等优点。对吸排气阀流体域采用的网格类型为多面体网格，多面体网格相比非结构四面体网格，具有质量高、网格数量少、运算速度快、收敛性更好等优点。

吸排气阀流体域模型尺寸大，网格数量多，为了提高计算精度及运算速度，需对吸排气阀流体域进行网格无关性验证。所谓的网格无关性验证，就是寻找合理的网格密度，随着网格数量的增加，计算收敛后各参数均不再明显变化，同时综合考虑计算时间，选择最佳网格数量。

下面以吸排气阀“大孔排气”模型为例，对吸排气阀流体域进行网格无关性验证。采用的方法是按照网格尺寸从大到小，分别设置多面体面网格最小尺寸、最大尺寸和体网格比例填充因子，绘制出不同数量的流体域网格。对“大孔排气”模型绘制 6 组网格文件，将网格文件分别导入 Fluent 软件采用相同的计算模型及边界参数，设置的进出口压差为 1000Pa，进行数值计算。表 3.1 中为 6 组模型计算达到收敛标准后，取吸排气阀出口排气速度及缓冲片升力进行对比分析。

表 3.1 大孔排气模型网格无关性验证

网格尺寸/mm	网格数量/万	出口气流速度/(m/s)	缓冲片升力/N
0.4/4/1.6	177.2	18.992	32.535
0.4/4/1.2	202.8	19.142	33.108
0.4/3/1.6	290.2	19.275	33.414
0.4/3/1.2	356.7	19.297	33.557
0.4/2/1.6	685.4	19.303	33.619
0.4/2/1.2	736.6	19.311	33.632

表中 3.1 中网格尺寸 0.4/4/1.6 表示最小网格尺寸 0.4mm、最大网格尺寸 4mm、体网格填充比例 1.6。通过表 3.1 的数据可看出，当网格数量大到 356.7 万时，吸排气阀排气速度和缓冲片升力均不再明显增加，说明再增大网格数量对计算的精度不会有提高，但是会增大计算的时间。综合考虑对“大孔排气”模型，采用网格数量为 685.4 万时，网格数量达到最佳值。采用相同的方法验证“小孔排气”模型网格数量达到 701.2 万时，“小孔排气”流体域网

格数量达到最佳值。由于“大孔排气”与“吸气”流体域模型相同，可采用同一套网格文件。图 3.6 为吸排气阀多面体网格示意图。

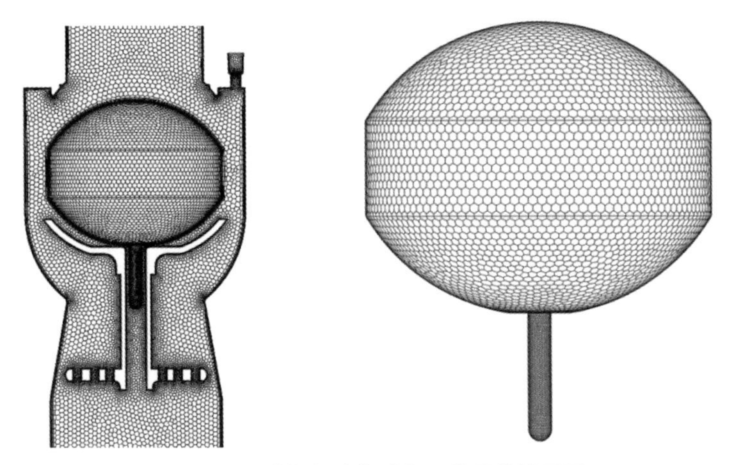

图 3.6　吸排气阀流体域多面体网格模型图

3.4.4　吸排气阀数值模拟计算的边界条件设置

吸排气阀在进排气过程中流体域的工作介质为空气，为了将吸排气阀 Fluent 数值模拟与第二章喷管气流特性相结合。吸排气阀流体域介质设为理想气体 ideal gas，并设置吸排气阀壁面为固定的无滑移壁绝热壁面，空气在吸排气阀进排气过程中，满足理想气体的绝热定熵状态方程。对吸排气阀的运算模型采用标准的湍流模型 k-ε 模型，对壁面函数的处理方法采用标准壁面函数 (Standard Wall Functions)。采用压力速度耦合求解器，压力速度耦合方程采用 SIMPLE 算法；离散方式除压力项选用 Standard 格式，其他均选用一阶迎风格式（First Order Upwind）。各方程收敛残差除能量方程取 10^{-6}，其他方程残差均取 10^{-4}。

吸排气阀边界参数设置，按照“大孔排气”“小孔排气”及“吸气”三种工况分别设置。吸排气阀排气时管道处压力大于大气压，可将排气工况设为相对压力边界条件，即工作参考压力设为 101325Pa。吸气时吸排气阀管道处压力低于大气压，可将吸气工况设为绝对压力边界，即工作参考压力设为 0Pa。对于“排气工况”，按照从小到大设置不同入口压力边界条件，出口压力为大气压；对于“吸气工况”按照从大到小设置不同出口压力边界条件，入口压力为大气压。吸排气阀三种工况 Fluent 数值模拟，采用的边界参数设置具体如表 3.2 所示。

表 3.2 吸排气阀数值模拟边界参数设置

吸排气阀进排气工况	工作参考压力/Pa	入口边界/Pa	出口边界/Pa
大孔排气	101325	总压入口	0
小孔排气	101325	总压入口	0
吸气	0	101325	压力出口

3.4.5 数值模拟基本流程与结果后处理

吸排气阀的数值模拟可以视为是在计算机及软件中进行的模拟实验，基本工作流程可以分为三个部分：前处理、求解和后处理。其次，前处理包含确定计算对象、建立计算域模型及划分网格等，目的是将具体的模型与求解问题转化为计算机软件可以接受的形式；求解则是在计算机软件中读取前处理建立的计算文件，检查文件的有效性，并通过合理的条件设置，进行数值模拟的迭代计算；最后的后处理是将求解的结果进行提取和分析，得到研究或设计所需求的数据与可视化结果。图 3.7 是数值模拟在泵阀类流体机械中计算的实际应用流程。

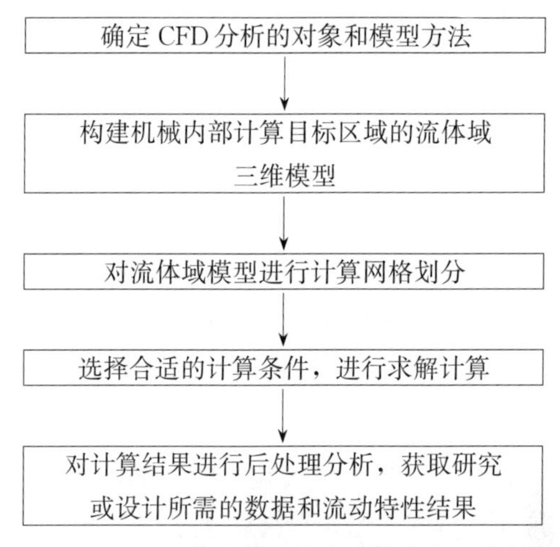

图 3.7 CFD 数值模拟仿真计算的应用流程

具体数值模拟的应用流程为：根据模拟计算对象的结构与工作特性，先确定模拟对象采用的模型方法，并建立计算对象的流体域模型；然后将连续的模型域进行离散化，利用离散的点或单元去替代连续的计算域，通过代数方程组将离散的变量进行联系；设定适合计算对象的计算参数，通过一定的方法求解方程组来获取域的近似计算结果。最后，通过数据的后处理得到研究需要的数值结果或流动特性。

在完成计算对象的求解分析后，要通过后处理来获取研究或设计需求的结果。后处理是指对软件中的计算结果进行处理，得到与研发相关的数据与图表，以及可视化的速度压力分布云图、流场迹线图及数值等值线图等。通常后处理既可以在计算软件中自带的后处理模块中进行，也可以采用第三方如 TECPLOT、origin 与 EnSight 等专用后处理软件。图 3.8 和 3.9 分别是复合吸排气阀在后处理得到的阀体压力分布云图和轴心切面速度云图，相较于模型

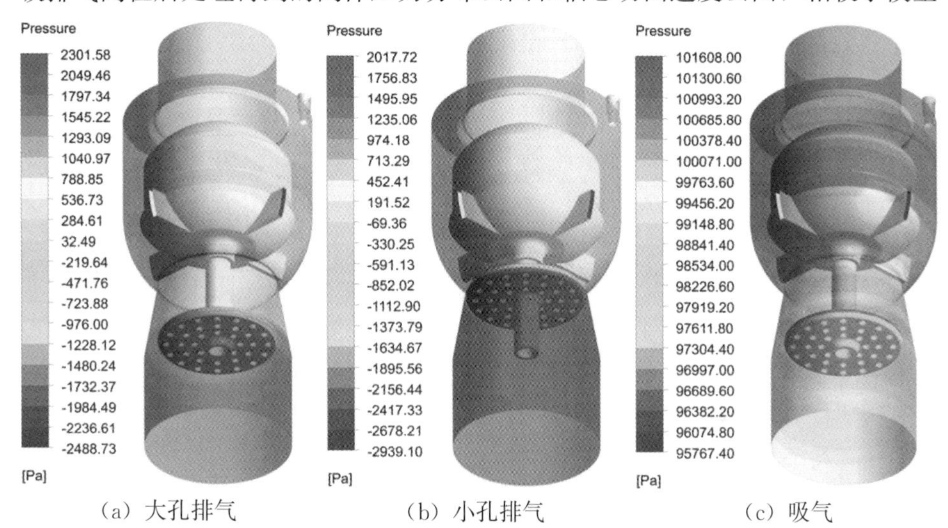

（a）大孔排气　　（b）小孔排气　　（c）吸气

图 3.8　吸排气阀进排气流体域阀体压力云图

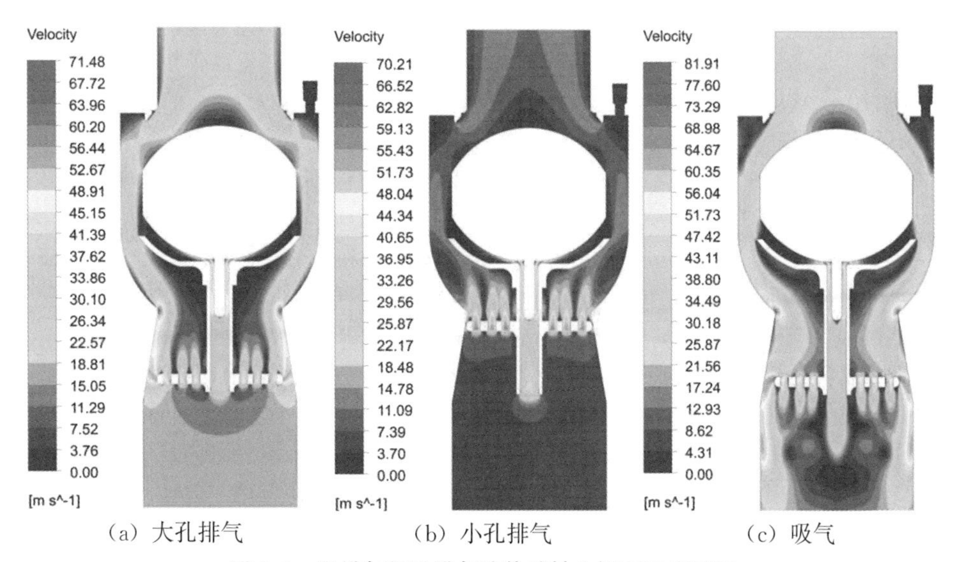

（a）大孔排气　　（b）小孔排气　　（c）吸气

图 3.9　吸排气阀进排气流体域轴心切面速度云图

实验模拟结果能够可视化地展现内部的流动、压力和速度等特征。通过数值模拟的后处理结果可以对模型的性能与流场特性进行分析，从而实现对性能的论证，并用以指导后续的结构与性能改进。

3.5 本章小结

本章分别重点介绍了吸排气阀的设计理论与数值模拟方法，为吸排气阀设计与流动特性分析提供了理论基础与方法支持。

1）在设计理论层面，根据喷管气流特性，从基本方程出发，间接推导出吸排气阀在排气和进气过程质量流量计算公式，并给出了公式中各参数的定义取值。定义了吸排气阀进排气质量流量系数计算式。质量流量系数是吸排气阀进排气主要特征参数，该参数在后续研究用于吸排气阀水锤防护特性分析。

2）在数模模拟方法上，主要介绍了CFD计算流体力学仿真在吸排气阀设计上的应用方法与流程。以复合式吸排气阀为例，分别介绍了数值模拟理论、计算域建模、网格划分、边界条件和后处理分析等步骤，提供了一种高效、可行的计算机分析方法。

本章参考文献

[1] 胡建永，张健，索丽生. 长距离输水工程中空气阀的进排气特性研究 [J]. 水利学报. 2007，(S1)：340-345

[2] 沈位道，童钧耕. 工程热力学（第四版）[M]. 北京：高等教育出版社，2007.

[3] Wylie E B，Streeter V L，Suo L. Fluid transients in systems [M]. Englewood Cliffs，NJ：Prentice Hall，1993.

[4] Streicher W . Minimising the risk of water hammer and other problems at the beginning of stagnation of solar thermal plants — a theoretical approach [J]. Solar Energy，2000，69（supp—S6）：187-196.

[5] 徐放，李志鹏，李豪，等. 缓闭式空气阀口径和孔口面积比对停泵水锤防护的影响 [J]. 流体机械，2018，46（03）：28-33.

[6] 柯勰. 缓闭式空气阀在调水工程中的水锤防护效果研究 [D]. 浙江大学，2010.

[7] 徐放，李志鹏，王荣辉，等. 空气阀口径对有压管道停泵水锤的防护研究 [J]. 中国给水排水，2020.3.36（5）：52-55.

第 4 章　吸排气阀的吹堵特性

目前对于吸排气阀的研究已经逐步完善，但仍然有一些问题是值得我们去深入探讨研究的，其中吸排气阀的吹堵问题是需要解决的，当浮球自身的重力小于所收到的气流吹动力时，浮球会被高速气流吹起堵塞排气孔口，造成吸排气阀失效。因此，需要对吸排气阀进行分析，来解决此问题。

4.1　吸排气阀吹堵仿真模型

由于吸排气阀浮球的重力小于浮球的气动力，从而被快速吹起导致排气口被堵塞，吸排气阀内部的气体无法排出，造成吸排气阀失效。为了解决浮球的吹堵问题，只考虑吸排气阀排气过程，需对吸排气阀的结构进行改进，然后模拟分析吸排气阀排气特性，计算不同护筒高度下输入不同压力，吸排气阀排气量大小和浮球升力大小。

4.1.1　吸排气阀三维建模与计算网格

以复合式高速进排气阀为例进行吹堵特性的数值模拟分析，根据其结构特点和工作原理，进行吸排气阀模型处理，由于只关心吸排气阀流动特性，因此应先对模型的非关键部位进行结构简化，确保流速变化剧烈区域的几何特征不变，对流体域中圆角倒角进行填平处理，采用 Solidworks 三维软件按照 1∶1 大小绘制三维模型，绘制后的三维模型简化前后如图 4.1 所示。

针对吸排气阀的吹堵问题，分析吸排气阀排气特性，通过对吸排气阀护筒高度进行调整，将分为三种模型，护筒高度分别为 285mm、380mm、440mm，结构如图 4.2 所示。

网格质量是指网格几何形状的合理性，质量的好坏对计算有直接的影响，对于网格质量较差的随时会终止计算。直观上，能够测量翘曲、内角、拉伸值、锥度比、细长比以及边缘节点位置偏差来得到网格质量，对于网格质量的

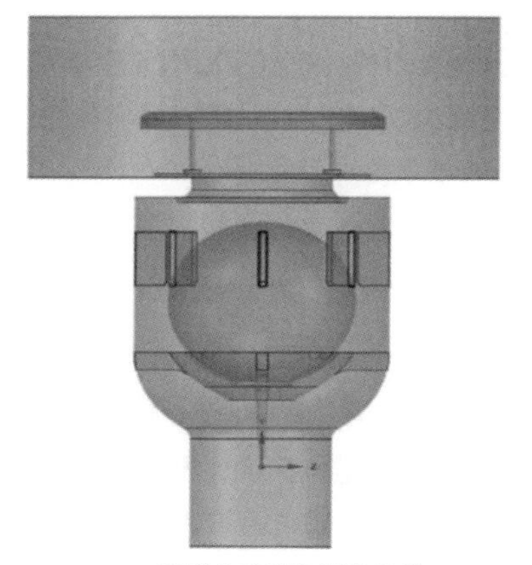

（a）吸排气阀模型简化前

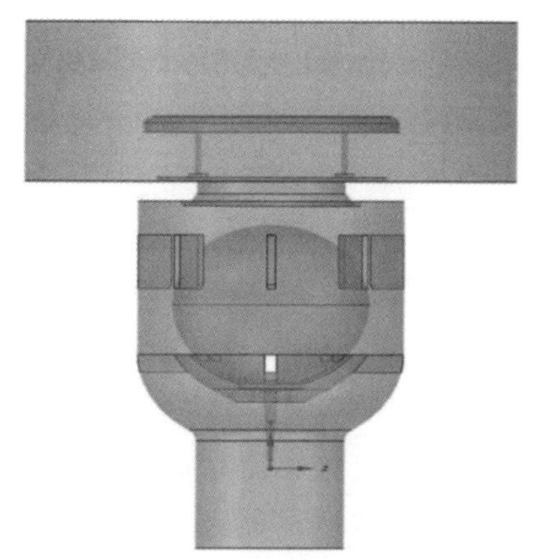

（b）吸排气阀模型简化后

图 4.1　吸排气阀三维模型图

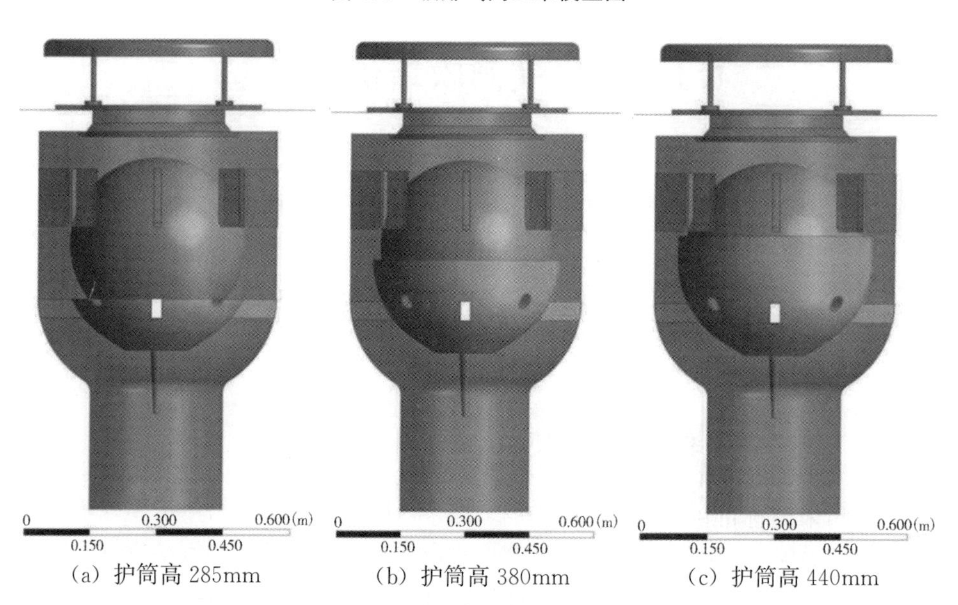

（a）护筒高 285mm　　（b）护筒高 380mm　　（c）护筒高 440mm

图 4.2　吸排气阀护筒模型图

好坏，可以通过网格表面线条是否流畅，网格的各个角或边缘相差是否较小，边缘节点是否落在边界平分线周围来进行判断。进行网格划分时，对网格质量的要求通常比较高，在对模型的关键结构研究时，每个网格的划分都要保证是高质量的，如果有少许较差的网格质量对计算结果都会有较大的影响，只要有网格质量比较差的出现都会停止计算的进行，但是对于模型的次要结构，是可以稍许的降低网格质量。

对简化后的吸排气阀三维模型采用 Fluent meshing 绘制多面体网格，划分网格后的模型如图 4.3、4.4 所示，经过网格划分后网格数量为 240 万，网格数量大到 240 万时，吸排气阀排气速度和浮球升力均不再明显增加，说明再增大网格数量对计算的精度不会有提高，因此对该吸排气阀模型，采用网格数量为 240 万时，网格数量达到最佳值，最小网格尺寸 0.2mm，最大网格尺寸 10mm，网格质量良好，能够保证模拟计算相对准确。

图 4.3　吸排气阀外壳网格划分图

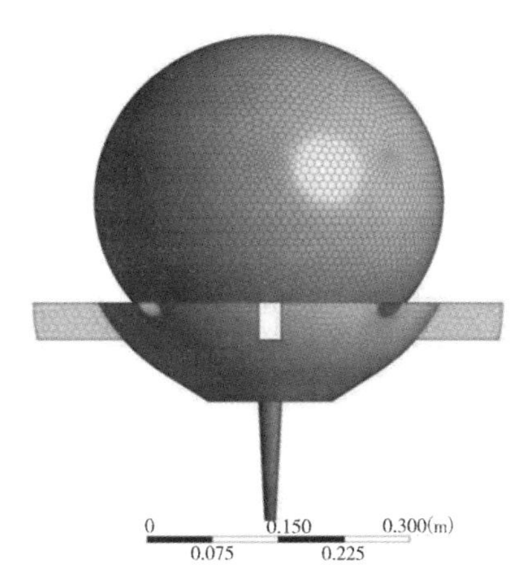

图 4.4　浮球阀座网格划分图

4.1.2　吸排气阀吹堵仿真的边界条件

吸排气阀在进排气过程中流体域的工作介质为空气，吸排气阀的流体域介质设为理想气体，并对吸排气阀壁面设置为固定的无滑移壁绝热壁面，由于吸排气阀在运行时流速较大，是属于湍流模型，因此对吸排气阀采用标准的湍流模型进行计算，通过 Fluent 软件对能量、动量、质量守恒方程进行求解。

吸排气阀边界参数设置，计算边界如图 4.5 所示，对吸排气阀护筒高 285mm、380mm、440mm 三组模型分别采用相同的处理方式，计算模型进口边界选择压力入口分别设置 35000Pa、70000Pa、100000Pa，出口边界选择压力出口，出口相对压力设置为 0Pa，对吸排气阀三种模型进行 Fluent 数值模拟。

图 4.5　吸排气阀座计算边界图

4.2 吸排气阀吹堵流场分析

对三组护筒高度吸排气阀模型分别设置入口压力 35000Pa、70000Pa、100000Pa 计算，收敛后取三组护筒高度吸排气阀不同入口压力的流体域压力场、速度场进行分析。根据流体域云图，主要得出的数据为吸排气阀在排气过程中排气量大小、速度大小以及吹动气流对浮球的升力大小，并且分析吸排气阀排气量、速度以及浮球升力的变化规律。

（1）压力场分析

图 4.6、4.7、4.8 为吸排气阀护筒高度为 285mm、380mm、440mm 时，入口压力分别为 35000Pa、70000Pa、100000Pa 的压力云图。

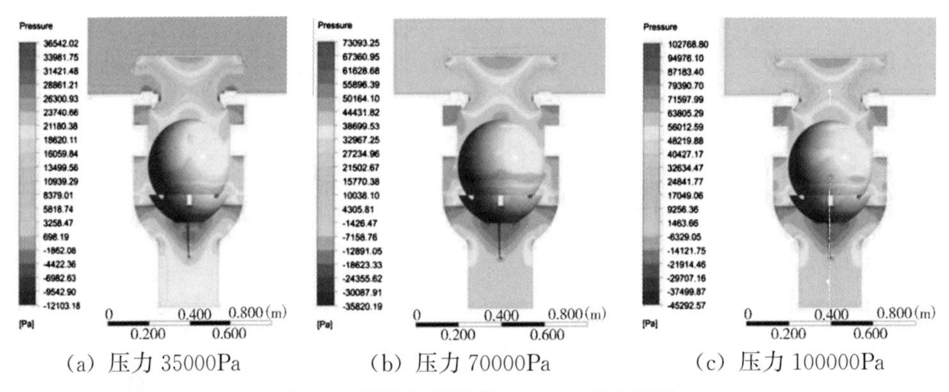

（a）压力 35000Pa　（b）压力 70000Pa　（c）压力 100000Pa

图 4.6　吸排气阀护筒 285mm 压力云图

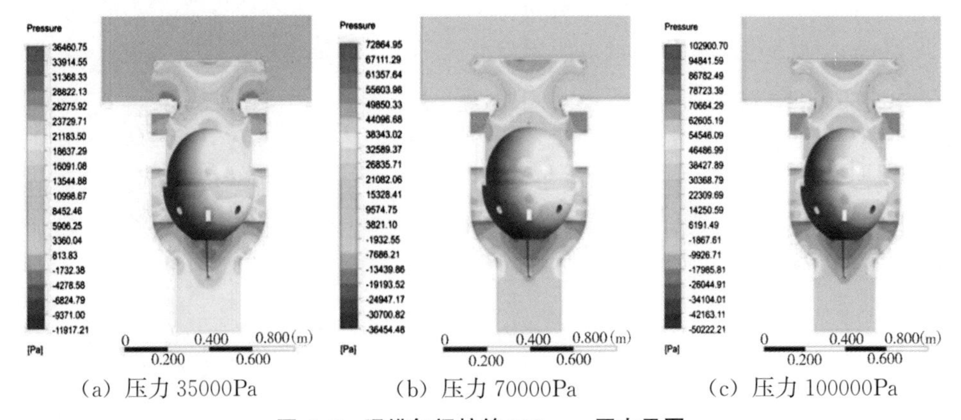

（a）压力 35000Pa　（b）压力 70000Pa　（c）压力 100000Pa

图 4.7　吸排气阀护筒 380 mm 压力云图

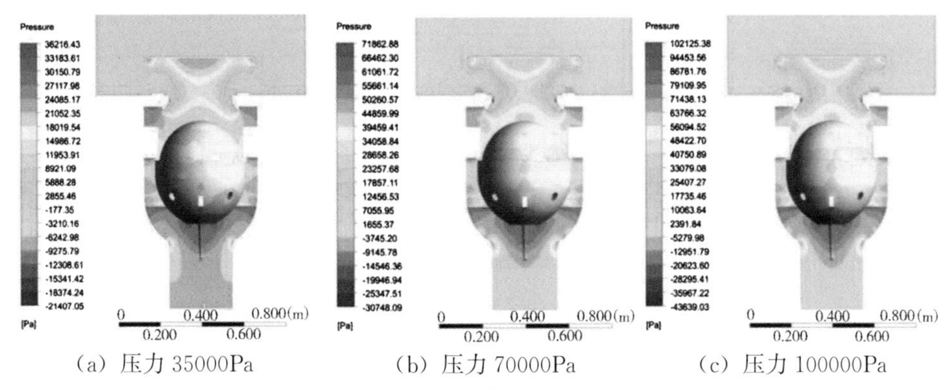

（a）压力 35000Pa　　（b）压力 70000Pa　　（c）压力 100000Pa

图 4.8　吸排气阀护筒 440mm 压力云图

图 4.6、4.7、4.8 的流场压力云图可以看出，空气流绕过浮球阀座，浮球底部表面压力比顶部表面压力大，受压较大的主要集中在浮球底部。当压力为 35000Pa 时，吸排气阀护筒高度 285mm、380mm、440mm 的最大压力分别为 36542.02Pa、36460.75Pa、36216.43Pa；当压力为 70000Pa 时，吸排气阀护筒高度 285mm、380mm、440mm 的最大压力分别为 73093.25Pa、72864.95Pa、71862.88Pa；在相同的排气压差下，随着护筒高度的增加，吸排气阀表面压力逐渐降低。

（2）速度场分析

图 4.9、4.10、4.11 为吸排气阀护筒高度为 285mm、380mm、440mm 时，入口压力分别为 35000Pa、70000Pa、100000Pa 的速度云图。

结合图 4.9、4.10、4.11 速度云图可以看出，当压力为 35000Pa 时，护筒高度 285mm、380mm、440mm 的最大速度分别为 210.74 m/s、296.50m/s、284.30m/s；当压力为 70000Pa 时，护筒高度 285mm、380mm、440mm 的最大速度分别为 302.29m/s、348.12m/s、337.03m/s，在相同的排气压差下，

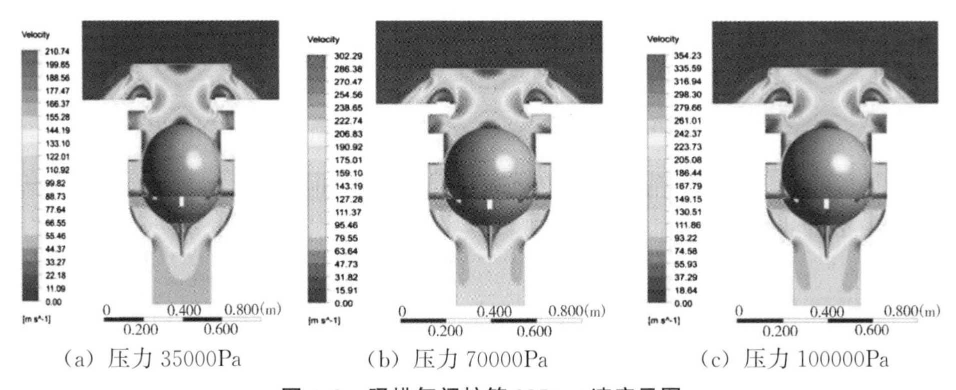

（a）压力 35000Pa　　（b）压力 70000Pa　　（c）压力 100000Pa

图 4.9　吸排气阀护筒 285mm 速度云图

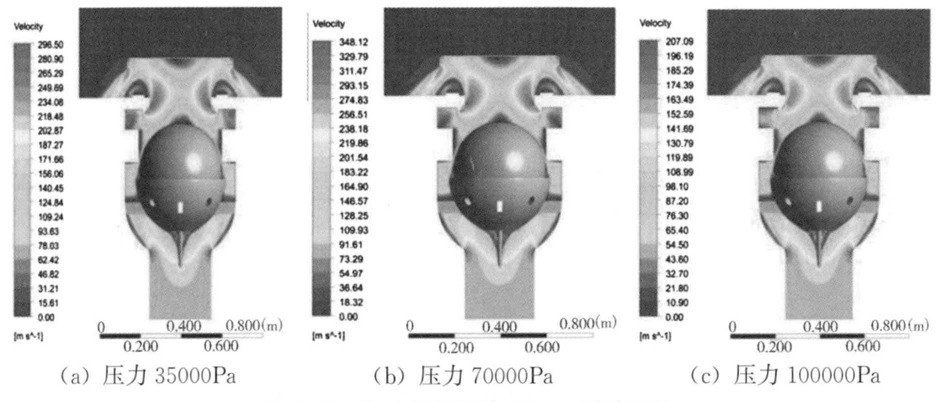

（a）压力 35000Pa　（b）压力 70000Pa　（c）压力 100000Pa

图 4.10　吸排气阀护筒 380mm 速度云图

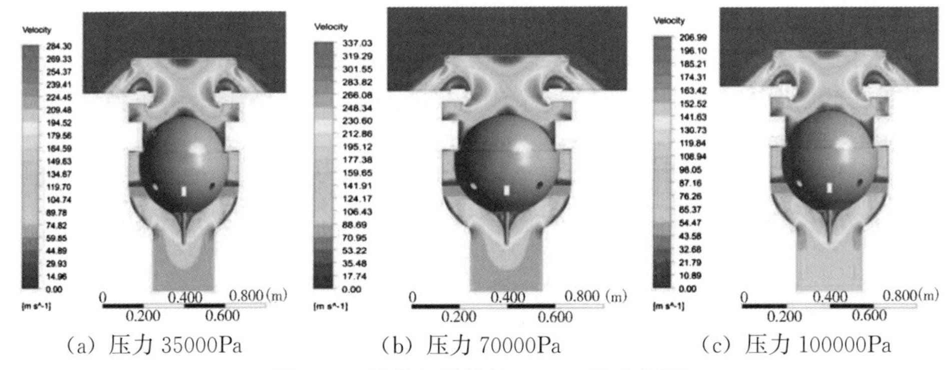

（a）压力 35000Pa　（b）压力 70000Pa　（c）压力 100000Pa

图 4.11　吸排气阀护筒 440mm 速度云图

随着护筒高度的增加，吸排气阀内流场最大速度先增加后微量地减小，说明随着护筒高度的增加吸排气阀节流通径变小。

4.3　吸排气阀排气特性分析

（1）吸排气阀排气量计算结果见表 4.1 所示。

根据规范“GB T 36523—2018 供水管道复合式高速进排气阀”要求排气阀的排气量应不小于表 4.2 所列的数值。其中 DN300 吸排气阀排气压差为 35000Pa，排气量为 38000m^3/h，排气压差为 70000Pa，排气量为 49400m^3/h，要求排气量负偏差不超过 15%。从表 4.1 中数据经过计算，吸排气阀排气压差为 35000Pa 时，护筒高度 285mm、380mm、440mm 的负偏差分别为 4.3%、3.4%、0.4%；吸排气阀排气压差为 70000Pa 时，护筒高度 285mm、

表 4.1　吸排气阀排气量计算结果

排气压差/Pa	护筒高度/mm		
	35000	70000	100000
285	39631.2	56498.7	66302.4
380	39295.9	56049.6	65851.9
440	38143.2	53420.3	63288.1

表 4.2　排气阀排气量

Δρ/MPa	进口公称尺寸				
	DN100	DN150	DN200	DN250	DN300
0.035	2900	6100	11800	24900	38000
0.07	4850	10850	18300	33850	49400

380mm、440mm 的负偏差分别为 14.4%、13.5%、8.1%，都不超过 15%，满足要求。图 4.12 是吸排气阀排气量随排气压差变化曲线。

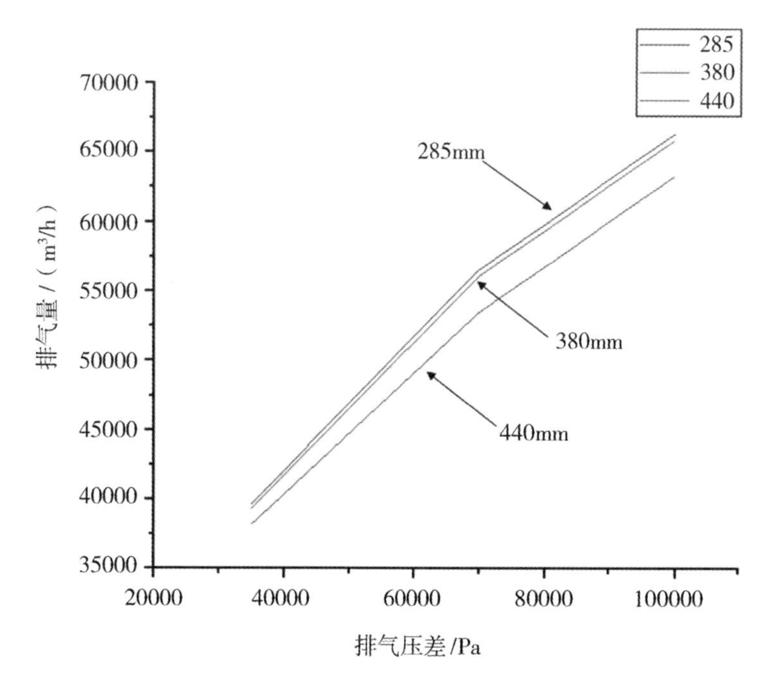

图 4.12　吸排气阀排气量随排气压差变化图

从图 4.12 可以看出，当护筒高度从 285mm 增加到 380mm 时，虽然随着护筒高度的增加，吸排气阀排气量在逐渐降低，但吸排气阀排气量较为接近，变化不大；而护筒高度从 380mm 增加到 440mm 时，吸排气阀排气量变化较为明显，随着护筒高度的增加，排气量显著降低。在相同的护筒高度下，随着排气压差的增大，吸排气阀排气量在逐渐增大，成正比；在相同的排气压差下，随护筒高度的增加，排气量逐渐减小，因此护筒高度不宜过高。

（2）吸排气阀排气流量计算结果见表 4.3 所示。

表 4.3　排气流量

排气压差/Pa	压力比	实际质量流量/(kg/s)	理论质量流量/(kg/s)	排气流量系数
285～35000	1.0345	14.234	16.091	0.885
380～35000	1.0345	14.114	16.023	0.881
440～35000	1.0345	13.700	15.786	0.868
285～70000	1.6908	20.292	21.453	0.946
380～70000	1.6908	20.131	21.367	0.942
440～70000	1.6908	19.187	20.860	0.920
285～100000	1.9869	23.814	24.304	0.980
380～100000	1.9869	23.652	24.221	0.976
440～100000	1.9869	22.731	23.745	0.957

由上表 4.3 可知，随着压差的增大吸排气阀排气量逐渐增大，在相同护筒高度下，实际质量流量、理论质量流量以及排气流量系数都随着排气压差的增加而增加；在相同压差下的压力比相同，但实际质量流量、理论质量流量以及排气流量系数都随着护筒高度的增加而减小。

（3）吸排气阀浮球升力计算结果见表 4.4 所示。

表 4.4　吸排气阀浮球升力计算结果

排气压差/Pa	护筒高度/mm		
	35000	70000	100000
285	−312.63	−675.6	−885.6
380	−449.7	−1044.4	−1427.3
440	−335.4	−667.9	−919.9

图 4.13 是吸排气阀浮球升力随排气压差变化曲线。结合表 4.4 和图 4.13 可知，吸排气阀浮球升力全都为负值，这说明力是向下的，在相同的排气压差下，随护筒高度的增加，吸排气阀浮球向下的力是先增加后减少的，在护筒高度为 380mm 时，达到最大；在相同的护筒高度下，随着排气压差的增大，吸排气阀浮球向下的力在逐渐增大，说明排气过程中浮球不会上升堵塞排气孔。

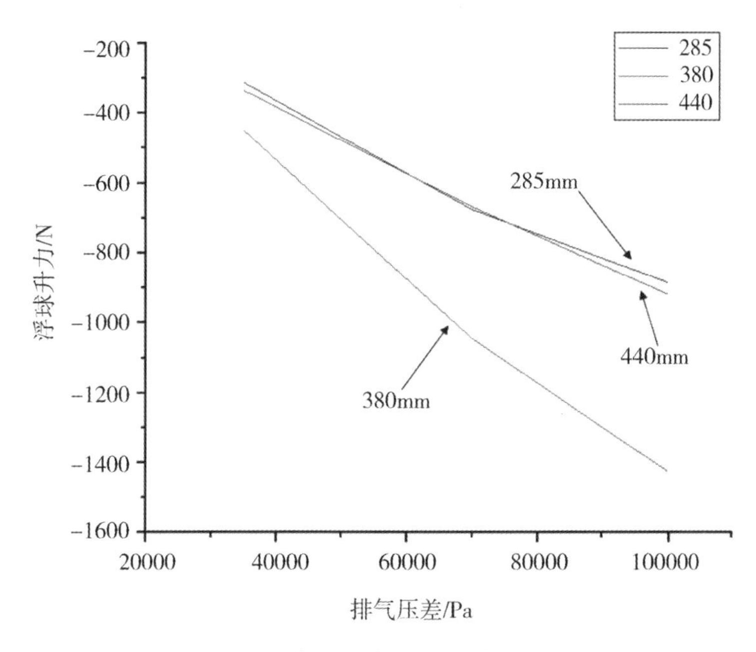

图 4.13　吸排气阀浮球升力随排气压差变化图

4.4　本章小结

本章主要针对吸排气阀的吹堵特性，对吸排气阀排气量及浮球升力进行分析；以一种典型的复合式吸排气阀为例，采用 CFD 数值模拟分析 285mm、380mm、440mm 三种护筒高度下的吸排气特性与浮球升力状态，探讨了解决吸排气阀吹堵问题的方案，总结主要有以下建议与结论：

1）对于 3 种不同护筒高度的吸排气阀，排气量均大于规范要求的排气量，满足要求；

2）相同排气压差下，吸排气阀随护筒高度的增加，排气量逐渐减小，因此护筒高度不宜过高；

3）吸排气阀在排气过程中，浮球升力为负值，方向是向下的，并且排气差压越大浮球向下的力越大，说明排气过程中浮球不会上升堵塞排气孔。

第5章　浮球与浮筒结构

浮球与浮筒通常用于高速进排气阀中，通过浮力控制浮球的上下运动，从而实现高速进排气与密封的不同作用。吸排气阀在运行中，浮球和浮筒耐压等级不够、强度不足，在受力过大的情况下发生变形，所以对浮球和浮筒的静力学分析中，需要考虑浮球和浮筒的尺寸、材料[1]，并且对其划分网格以及边界条件设置，才能准确计算出浮球和浮筒受力的变形状况。

5.1　吸排气的浮球与浮筒结构

吸排气阀中浮球的作用原理：当水泵启动时，吸排气阀是打开的，阀体内部没有充水，浮球会因为重力掉落，然后随着泵启动，管道扬程会逐渐增加并往里充满水，吸排气阀可以自动排除处于管道内的气体；在水泵运行过程中，如果溶解在水中的空气被分离并积聚在吸排气阀内，浮球会因为没有浮力而自动掉落。当吸排气阀在注入水时，浮球会慢慢上升，随着阀体内部充满水，这时会将阀体及管道内的气体进行排除；如果管道里的压力超过大气压时，浮球会因为内部压力的升高将排气孔堵住，造成吸排气阀没法将管道中的水顺利的排出。事故停泵后，当管道内压力下降形成负压时，虽然阀体内充满水，然而吸排气阀内的压力低于大气压力，由于管道内压力与大气压力之差造成浮球掉落并补充气体。当水泵进入第二级制动能耗工况时，由于管道内水的回流和压力的增加，浮球掉落而打开排气孔进行排气，阀体内慢慢注入水使得浮球因为浮力作用而关闭排气孔。

传统进排气阀的浮球的球体设计为圆形或半圆形、圆柱、半圆形组合形式，这种设计的缺点是浮球的底端都是圆形，当水进入阀体时，浮球所受的浮力往往达不到密封所需的密封力，如要达到密封力就必须加大浮球的直径，而加大浮球的直径，阀体的体腔也必须加大，这样一来阀门的成本就会随之增加。图 5.1 是一种典型的吸排气阀及其浮球和浮筒结构，主要结构包括阀体，所述阀体顶部配合固定有阀盖，所述阀盖顶部固定有压盖，所述阀体与阀盖之间设有密封圈，所述阀体内腔设有浮球，所述浮球底端为平面、顶端为圆球形的组合形式，所述阀体内腔体筒上设置有阀体导向筋，所述阀体导向筋和浮球之间设有浮球导向块，所述阀盖与压盖上贯穿有微量排气阀，所述阀盖与上升的浮球顶端接触处设有阀座，阀座下方设有软密封阀座；该阀的浮球的底端设计为平面，这样使同样的球体直径的浮球所受的浮力要大于球形结构的球体，相应的密封力也可以得到保证。这样阀门的整体体积不需要增加，节约了成本，阀门的密封性能得到了改善，阀门的可靠性进一步得到了提高。

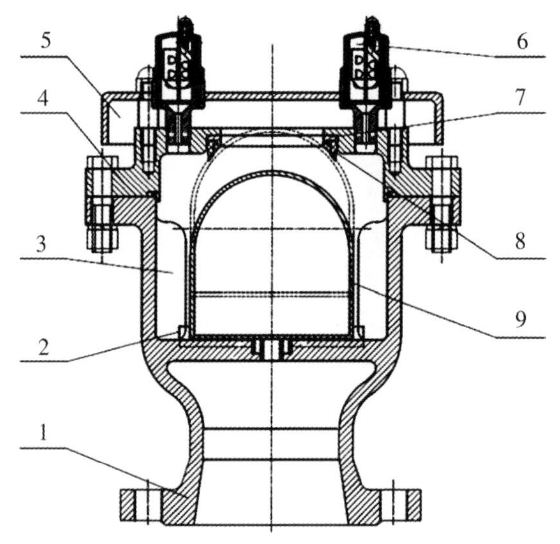

图 5.1　一种典型的带浮球结构的高速进排气阀

1. 阀体；2. 浮球导向块；3. 阀体导向筋；4. 阀盖；
5. 压盖；6. 微量排气阀座；7. 阀座；8. 软密封阀座；9. 浮球

现有复合式进排气阀，大多浮球下沉时都会与阀体或其部件直接接触碰撞，由于浮球多为金属材质，碰撞难免会对浮球造成损坏，浮球的保护是设计中需要重点考虑的内容之一。图 5.2 是一种保护浮球的排气阀结构，主题结构包括阀体和阀盖；阀盖位于阀体上方，且两者密封连接；阀体内设有浮球和缓冲垫，阀体下端设有进水口；所述浮球通过导向与阀盖上的导向孔连接，浮球可上下移动；浮球的正下方间隔一定间距设有所述缓冲垫，缓冲垫可拆卸连接在阀体上；缓冲垫与浮球正对的面存在一个与浮球直径相当的上凹弧面；缓冲垫下方设有托盘，且两者可拆卸连接。保护浮球的排气阀结构是在阀体与浮球下沉时的接触处设置缓冲垫，可避免浮球与阀体相撞从而保护浮球。同时，在缓冲垫内增设硬质金属板，既不妨碍缓冲作用的实现，又可保证缓冲垫有一定的刚度，避免过度形变；在硬质金属板上设置若干通孔，可减小整个缓冲垫的重量；在缓冲垫与浮球接触的上凹弧面处增设缓冲堵，可起到双重缓冲的作用。

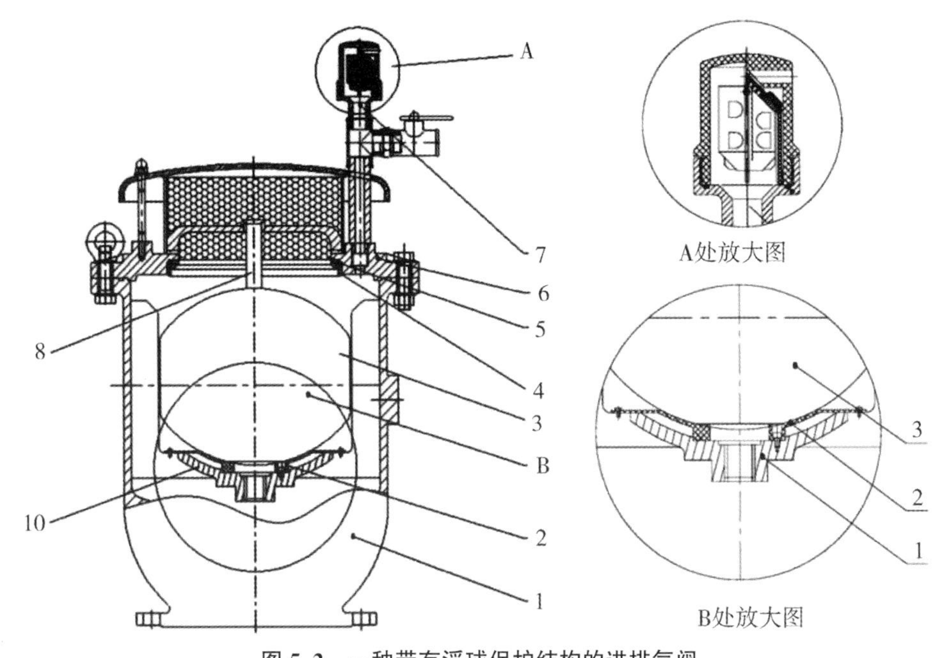

图 5.2　一种带有浮球保护结构的进排气阀

1. 阀体；2. 缓冲垫；3. 浮球；4. 喷口座密封；
5. 喷口座；6. 阀盖；7. 微量排气阀；8. 导向；10. 托盘

但目前，吸排气阀浮球的吹堵和压瘪引起的事故在工程中很普遍。其中由于球体设计不当，球体材料强度不足，浮球会变形损坏，如果重量不够或过重，浮球会堵塞。特别是在输送管线较长，坡度起伏较大的输送系统中，常常出现因吸排气阀压力过大时，吸排气阀中的浮球出现被挤压变形的现象而导致吸排气阀失灵，进而失效，严重的导致输送管线系统崩溃。因此，有必要对吸排气阀的浮球结构进行研究，让吸排气阀能够更加安全、稳定的运行。

5.2　浮球与浮筒的三维建模

ANSYS Workbench 仿真平台可以对一系列相对烦琐的机械系统进行模拟计算分析，其中包括结构热、刚体动力学、结构动力学、流体动力学、结构静力学等。ANSYS Workbench 拥有以下特点和功能：

（1）在统一的图形界面下，实现了所有仿真过程，包括建模，网格生成，仿真分析和结果后处理；

（2）自动映射和交换数据，例如结构，网格和模拟结果，以及在不同的模拟工具之间保真传输数据；

（3）统一管理所有仿真流程；

（4）自动化网格生成，多域优化工具和数据管理工具的集成，流程固化和定制功能，以提高仿真效率。

建立模型的第一步是根据研究对象的几何尺寸创建几何模型，当研究对象的结构尺寸较为简单时，可以使用 Ansys Workbench 中自带有 Design Modele，建模模块创建几何模型，但该模块的建模功能选项有限，如果研究对象的结构尺寸较为复杂时，则可以考虑从外部 SolidWorks 三维软件中导入几何模型。浮球是吸排气阀启闭密封的关键部分，它是一个空心球，由两个模制半球的氩弧焊形成，然后在焊接后抛光成镜面。浮球和浮标的设计中也应考虑外径、内径、壁厚和材料，参数是相互关联的，在确定时应综合考虑，因此，浮球和浮标的设计对吸排气阀的工作性能有很大的影响。根据浮球及浮筒的尺寸，按照 1∶1 大小绘制三维模型，绘制后的三维模型如图 5.3 和 5.4 所示。

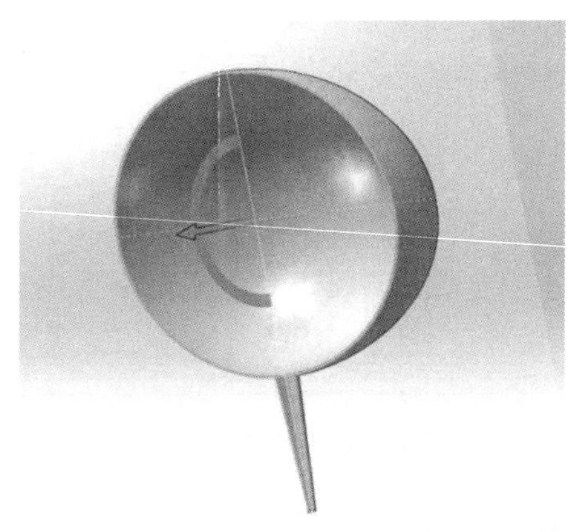

图 5.3　浮球结构几何模型

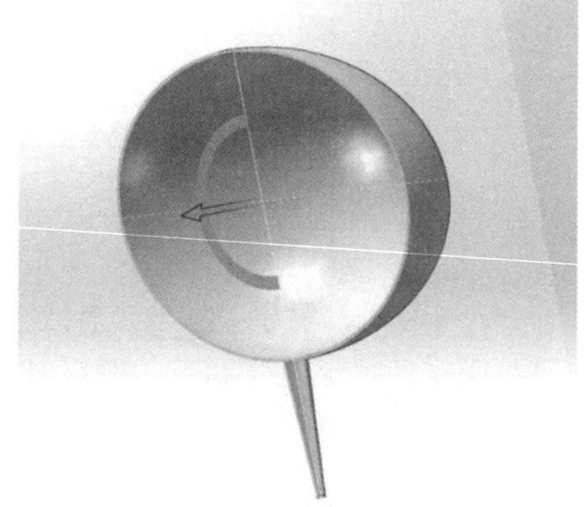

图 5.4　浮筒结构几何模型

在静态分析中，我们只考虑浮球和浮筒的应力和变形，而没有考虑阀体，缓冲板和其他零件的应力和变形，因此我们可以忽略这些去除零件，只选择浮球和浮筒零件，首先在不同的草图平面上绘制每个零件的闭合形状外框线，然后从这些线生成平面，并通过旋转和壳提取的实体建模工具生成实体，浮球直径为 400mm，浮筒横向直径为 360mm，上下圆弧距离半径为 211mm。

网格划分作为有限元模型建立的一个重要部分，划分形式对计算规模和精度是有很大影响的，其中很多问题是值得考虑的，网格划分的密度就是一个重要的方面，网格密度太密会需要较长的计算时间，然而计算精度却没有成比例增加。为建立正确、合理的有限元模型，划分网格时必须考虑以下原则[2]：

（1）网格数量。网格数量的多少对计算结果以及规模的准确性是有直接影响的。

（2）网格密度。由于计算数据分布存在的差异，应该在结构不一样的位置绘制不同规格的网格，因此密集网格划分在应力集中、计算数据斜率较大的结构上，而对于计算数据斜率小的结构应该使用稀疏网格。

（3）良好的单元形状。较好的单元形状通常是正多面体或者正多边形。

（4）良好的剖分过渡性。各单元之间的过渡需要保持平稳无凹凸，不然对模拟计算结果会造成较大的误差，影响其准确性，严重的会停止计算。

（5）网格剖分的自适应性。在分析实际工程，对于有误差的计算结果，自适应网格能够进行分析并且对网格重新优化。

基于构建的分析模型，定义模型材料并进行网格划分。对已构建的浮球及浮筒三维模型运用智能方法划分网格，划分网格后的模型如图5.5和5.6所示：

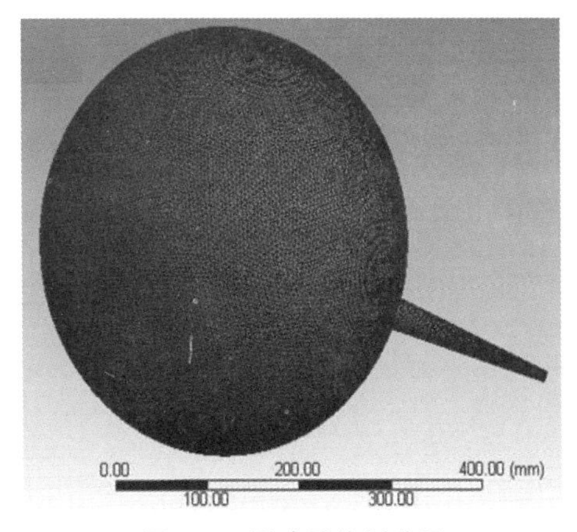

图5.5 浮球网格划分图

图5.6 浮筒网格划分图

在分析过程中，划分网格的质量好坏直接影响到了后续计算结果的准确性。浮球经过网格划分后，将模型划分为517415个节点，平均网格质量为0.839，浮筒经过网格划分后，将模型划分为518836个节点，平均网格质量为0.83891，网格质量良好，均超过0.8，其余各项指标符合评价标准和计算分析的要求，能够保证模拟计算相对准确。

5.3 浮球与浮筒的材料和壁厚设置

吸排气阀的阀体是整体铸造的，不允许焊接零件，吸排气阀的所有零件均应使用优质材料和优良的制造技术制成，并且不得使用焊接工艺连接任何零件或零件之间，以避免发生开焊，破裂和变形。国外的吸排气阀产品根据不同的工况要求采用了聚碳酸酯、高密度聚乙烯、不锈钢材质浮球及浮筒。目前国内市场上浮球选用的材质主要是 304、316 和 316L[3] 三种不锈钢，不锈钢中 316、316L 和 304[3] 最大的差别在于钼和镍的含量，钢中的钼含量越高，其抗腐蚀性能就越好，由于 304 比 316 系列少 2%的钼和 2%～5%的镍，并且 316L 不锈钢又要略高于 316 不锈钢中的钼含量，因此 316L 不锈钢的性能最好。聚碳酸酯和高密度聚乙烯具有良好的性能，但价格昂贵，用来吸排气阀的制造成本偏高；浮球采用低强度不锈钢制造时，吸排气阀制造成本低，但会造成阀门耐压等级不足，浮球安装在管道上时，冲击强度低，浮球在压力下容易变形，导致吸排气阀漏水，危及管道安全运行，所以吸排气阀浮球应选择能满足强度要求、价格适中的材料。

Ansys Workbench 软件中自带有材料数据库，包含了常用线性和非线性材料的特性参数，进行有限元分析时可以直接从数据库中选择需要的材料。在浮球静力学分析中浮球及浮筒材料选择不锈钢 304 和 316 两种，不锈钢 304 和 316 的具体材料特性参数需要自定义添加。其中不锈钢 316 的参数为：泊松比为 0.28，弹性模量为 206GPa，20℃环境温度时的密度为 8.03kg/m^3，耐高温可达到 1200℃～1300℃；不锈钢 304[4] 的参数是：泊松比为 0.3，弹性模量为 200GPa，20℃环境温度时的密度为 7.93kg/m^3，耐高温可达到 800℃。不锈钢 316 和 304 的泊松比和密度较为近似，而不锈钢 304 的弹性模量比 316 要较小，综合考虑浮球及浮筒材料取不锈钢 304。

一方面，由于吸排气阀浮球和浮筒的尺寸对吸排气阀过流截面积是有较大影响的，过流横截面积随着浮球和浮筒外径的增大而减小，因此当浮球和浮筒外径过大时，会直接影响到吸排气阀的进排气；另一方面，通过浮球和浮筒受力情况的考虑，对一定尺寸的吸排气阀阀座，浮球和浮筒的外径越小越容易嵌入阀座。结合浮球或者浮筒与阀座相互作用力情况考虑，如果其径向分力小于轴向分力，浮球或浮筒会由于压力作用而下落但不会嵌入阀座内，即使管道内出现负压浮球或浮筒也不会因阀座难以脱落而失去补气功能。外径确定好以后，浮球和浮筒的壁厚即为外径和内径之差。强度对浮球和浮筒的壁厚具有重要影响，浮球和浮筒的强度设计必须有一定的耐压性而不会变形，并且还要满足吸排气阀进排气的规范，国家规范标准规定[5] 浮球及浮筒外部承受不小于2 倍公称压力的静水压力，持压 12h，无可见变形，无内渗漏增重现象。

在外径和材料确定的情况下，浮球壁厚的大小决定了它的重量，直接影响浮球起浮和下落的灵敏性与有效性，根据最不利情况计算，需要保证浮球在水进入阀体后能够浮起，按式（4.1）进行简单的受力计算，保证浮球所受的最大浮力大于重力，以此确定理论上浮球的最大壁厚值。

根据浮球外径 R 和球体不锈钢材料的密度，可求出壁厚值 δ 必须不大于8.7873mm，再结合实际生产中浮球的壁厚，所以计算中浮球最大壁厚值的取值稍微降低一些，共取 4、5、6、7mm 四个壁厚值用于计算。

$$\frac{4}{3}\pi R^2 \rho_{水}\, g \geqslant \rho_{球}\, g \left[\frac{4}{3}\pi R^3 - \frac{4}{3}\pi (R-\delta)^3\right] \tag{5.1}$$

5.4　本章小结

本章重点介绍了吸排气阀的浮球与浮筒结构，以典型的复合式吸排气阀为例，阐明了浮球与浮筒结构的特征与工作特性，以及浮球的保护结构。同时，针对吸排气阀浮球的吹堵和压瘪引起的事故在工程中很普遍，根据数值模拟中的浮球与浮筒的受力分析需求，详细介绍与探讨了浮球与浮筒结构的三维建模方法、计算网格划分及材料壁厚设置，为后续高压和低压状态下的浮球与浮筒受力分析提供了模型基础。

本章参考文献

[1]　陈东阳，顾超杰，芮筱亭．基于 ANSYS Workbench 的工程力学教学探索［J］．科技资讯，2020，18（11）：79－81+84.

[2]　郭洪锍．基于 ANSYS 软件的有限元法网格划分技术浅析［J］．科技经济市场，2010（04）：29－30.

[3]　高芬．316L 表面涂层制备及超临界水中腐蚀性能研究［D］．西安理工大学，2018.

[4]　赵磊，莫春立，杨樨．不锈钢 304 球形压力容器试压过程有限元模拟［J］．沈阳航空航天大学学报，2018，35（01）：56－59.

[5] 杨智强，起华荣，吕潍威，等. 304L不锈钢等径角挤压有限元模拟研究 [J]. 铸造技术，2020，41（05）：490-494.
[6] 苏月娟，李建红. 国家标准《工业阀门压力试验》（GB/T 13927—2008）的分析 [J]. 阀门，2010（02）：35-36.

第 6 章　高压下的浮球与浮筒受力分析

浮球及浮筒在高压时会因为耐压程度不够和强度不足，在受力过大的情况下发生变形，为研究浮球及浮筒在高压下的受力状况，本章以浮球及浮筒为研究对象，对不同的壁厚值选取四个高压值进行受力分析，对比分析其不同工况下的最大总变形、最大等效应变、最大等效应力等。

6.1　高压下浮球的受力计算与分析

为了更加全面的研究吸排气阀内浮球的工作情况，现选取不锈钢 304 的材料，并选用 1.5MPa、2.0MPa、2.5MPa、3MPa 这四个压力分别对 4mm、5mm、6mm、7mm 四个壁厚值进行计算，得出不同压力、不同壁厚对浮球总变形、等效应变、等效应力以及接触部位变形的影响。

6.1.1　高压下浮球的受力分布计算

在 ANSYS 软件分析中，通过改变荷载的压力和壁厚，来实现模拟浮球在均匀受到荷载下的情况，下面以壁厚为 5mm 的浮球在 3MPa 水压力下的计算结果为例，对浮球的受力状况进行详细描述与分析。

(1) 浮球的最大总变形计算结果见表 6.1 所示。

表 6.1　浮球最大总变形计算结果

壁厚/mm	压力/MPa			
	1.5	2	2.5	3
4	0.27452	0.35381	0.43685	0.52405
5	0.21557	0.28283	0.34519	0.41289
6	0.17997	0.23431	0.28891	0.34067
7	0.15582	0.19959	0.24467	0.28986

由上述表 6.1 可知，在压力变化范围内，浮球在 4mm、5mm、6mm、7mm 四个壁厚值的最大总变形分别为 0.52405mm、0.41289mm、0.34067mm、0.28986mm，随着壁厚的增加，最大总变形依次递减，成反比。

浮球受力后的整体总变形位移如图 6.1 所示，从图中可以看出在上半球顶部与金属阀座的密封圈接触的位置浮球的变形最大，从上往下变形依次减小，到大概 1/4 位置时达到最小；然后再往下依次增大，底部相对达到最大，但依旧没有顶部变形大。图 6.2 为浮球总变形位移效果倍数放大后的示意图，从图中可以很明显地看出在上半球顶部与金属阀座的密封圈接触的位置发生了变形，围着接触位置一圈都发生了凹陷变形，说明此处最容易变形。

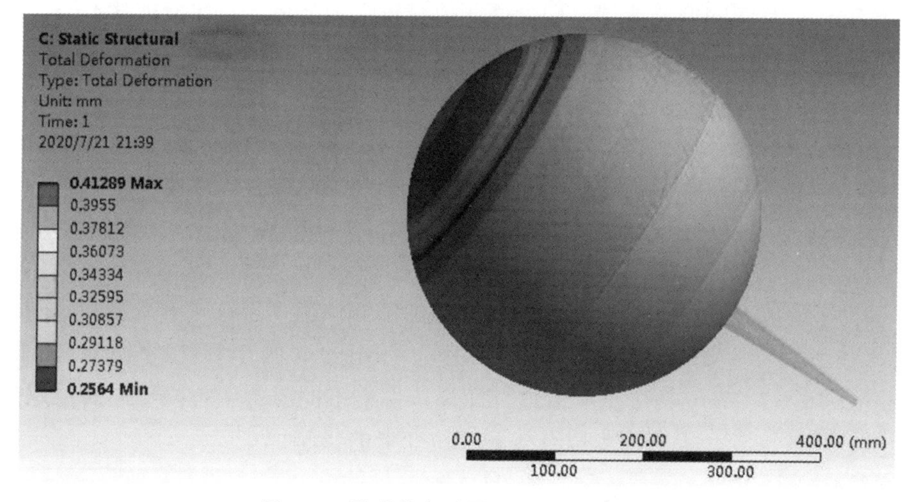

图 6.1　浮球总变形图（5mm～3MPa）

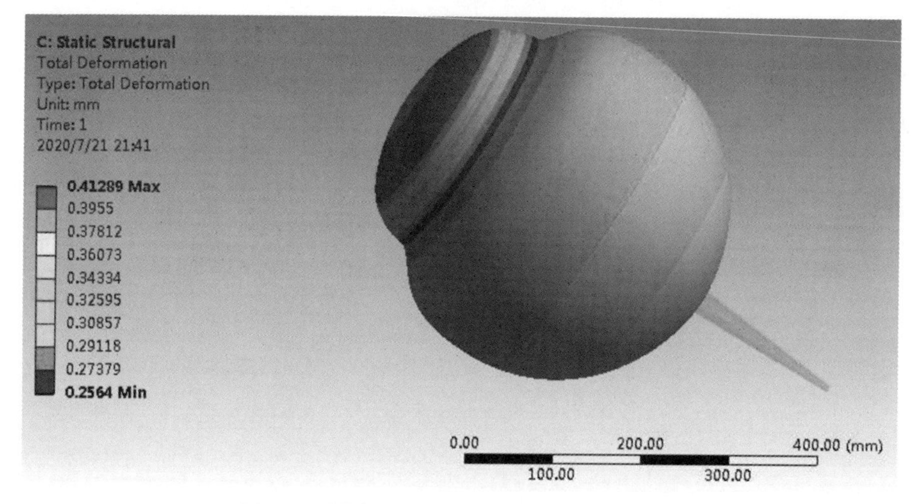

图 6.2　浮球总变形放大图（5mm～3MPa）

（2）浮球的接触区最大变形计算结果见表 6.2 所示。

表 6.2　浮球接触区最大变形计算结果

壁厚/mm	压力/MPa			
	1.5	2	2.5	3
4	0.19168	0.24547	0.30302	0.364
5	0.16428	0.20883	0.2503	0.29611
6	0.13782	0.17605	0.21209	0.24546
7	0.11992	0.15269	0.18378	0.2132

由上述表 6.2 可知，在压力变化范围内，浮球在 4mm、5mm、6mm、7mm 四个壁厚值的接触区最大变形分别为 0.364mm、0.29611mm、0.24546mm、0.2132mm，随着壁厚的增加，接触区最大变形依次递减，成反比；其变形量占浮球最大总变形的百分比分别为 69.5%、71.7%、72.1%、73.6%，接触区变形量占浮球总变形的百分比依次递增，成正比。

浮球受力后的接触区变形如图 6.3 所示，图 6.4 为浮球接触区变形效果倍数放大后的示意图。结合两张变形图可以看出，浮球的变形集中在与金属阀座的密封圈接触的位置，从此处向内凹陷，从接触区变形量占浮球总变形的百分比可以得出接触区的变形平均占到了整个浮球变形的 72%，是最主要的变形部分，是我们应该重点考虑的地方。

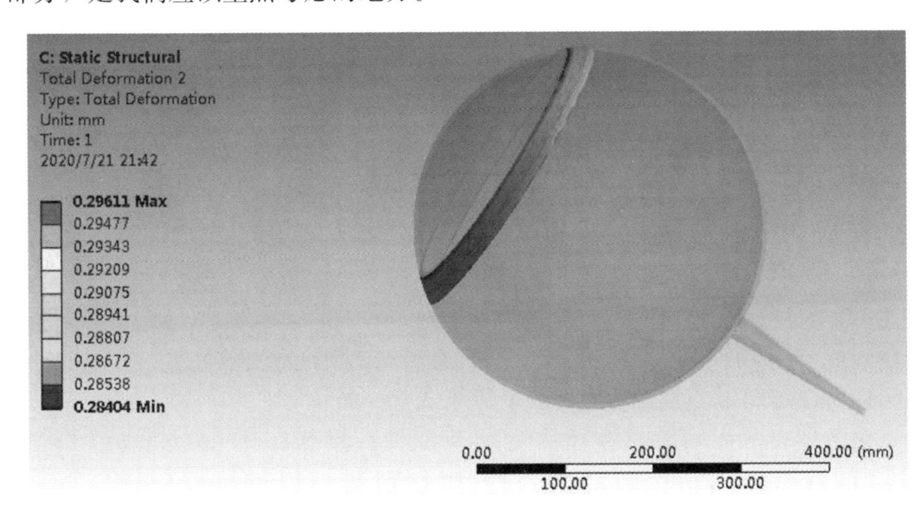

图 6.3　浮球接触区变形图（5mm～3MPa）

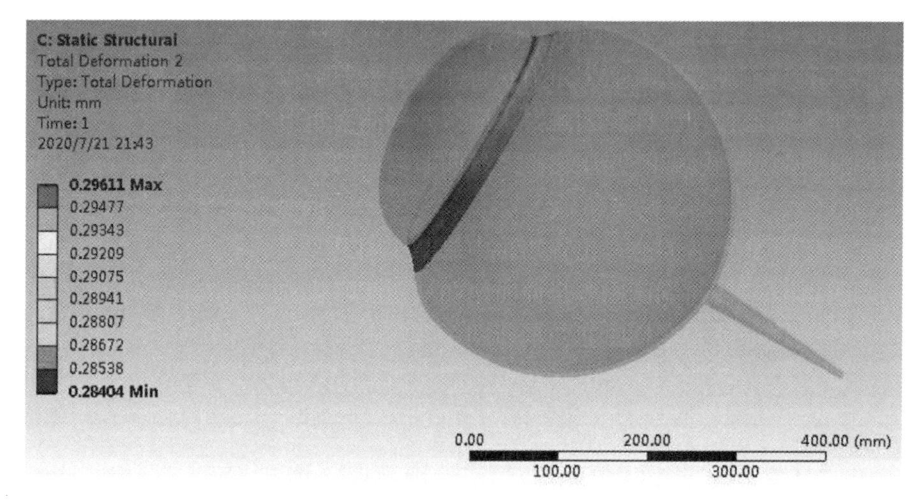

图 6.4 浮球接触区变形放大图（5mm～3MPa）

（3）浮球的最大等效应变计算结果见表 6.3 所示。

表 6.3 浮球最大等效应变计算结果

壁厚/mm	压力/MPa			
	1.5	2	2.5	3
4	0.00095	0.00124	0.00154	0.00185
5	0.00069	0.00089	0.00108	0.00128
6	0.00057	0.00074	0.0009	0.00105
7	0.00049	0.00063	0.000758	0.00089

表 6.3 结果显示，在压力变化范围内，浮球在 4mm、5mm、6mm、7mm 四个壁厚值的最大等效应变分别为 0.00185mm、0.00128mm、0.00105mm、0.00089mm，随着壁厚的增加，最大等效应变依次递减，成反比。

浮球受力后的等效应变如图 6.5 所示，图 6.6 为浮球等效应变效果倍数放大后的示意图。结合两张变形图可以看出，在上半球顶部与金属阀座的密封圈接触的位置浮球的应变最大，并在接触区域两边应变较为集中，以接触区域为界限，应变往上下两边依次减小。

（4）浮球的最大等效应力计算结果见表 6.4 所示。

由上述表 6.4 可知，在压力变化范围内，浮球在 4mm、5mm、6mm、7mm 四个壁厚值的最大等效应力分别为 365.44MPa、254.52MPa、209.43MPa、175.92MPa，随着壁厚的增加，最大等效应力依次递减，成反比。

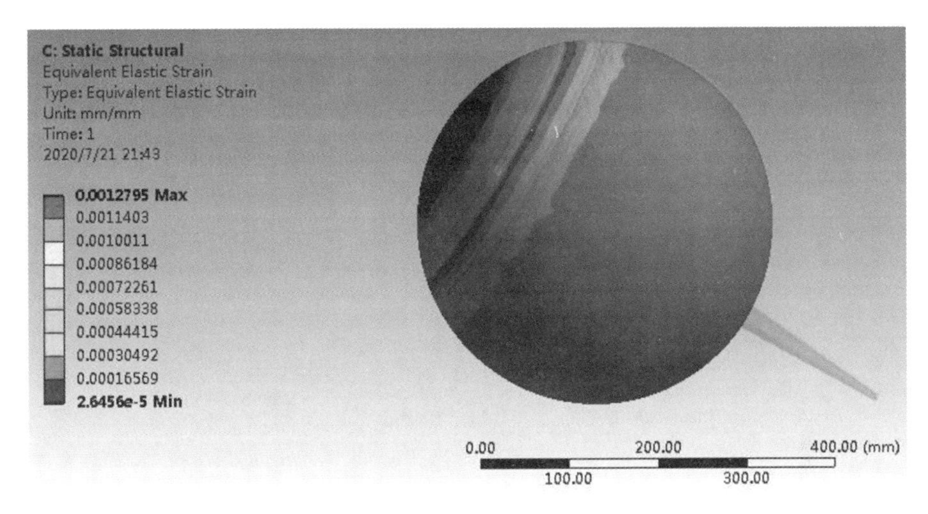

图 6.5　浮球等效应变图（5mm～3MPa）

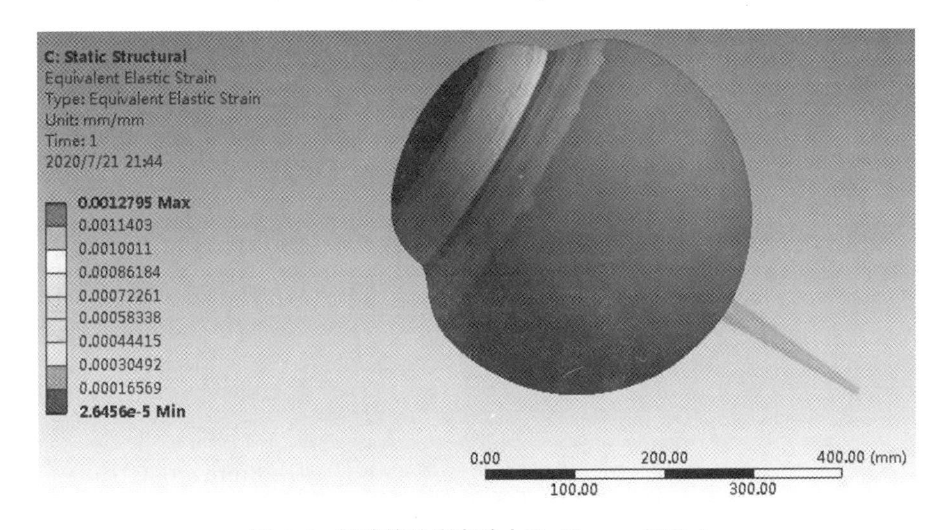

图 6.6　浮球等效应变放大图（5mm～3MPa）

表 6.4　浮球最大等效应力计算结果

壁厚/mm	压力/MPa			
	1.5	2	2.5	3
4	187.46	244.65	303.69	365.44
5	136.54	176.38	214.05	254.52
6	113.8	146.77	178.73	209.43
7	97.089	124.01	150.32	175.92

浮球受力后的等效应力如图 6.7 所示，图 6.8 为浮球等效应力效果倍数放大后的示意图。结合两张变形图可以看出，在上半球顶部与金属阀座的密封圈接触的位置浮球的应力最大，并在接触区域两边应力较为集中，以接触区域为界限，应力往上下两边依次减小。

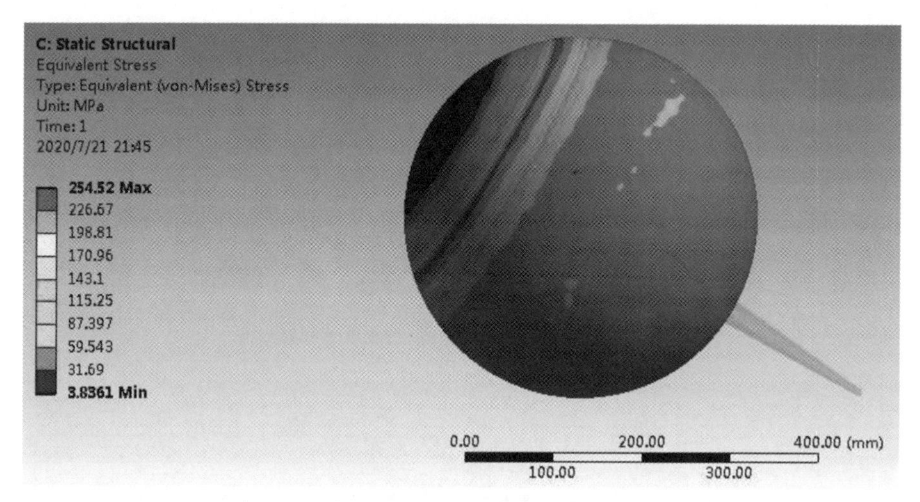

图 6.7　浮球等效应力图（5mm～3MPa）

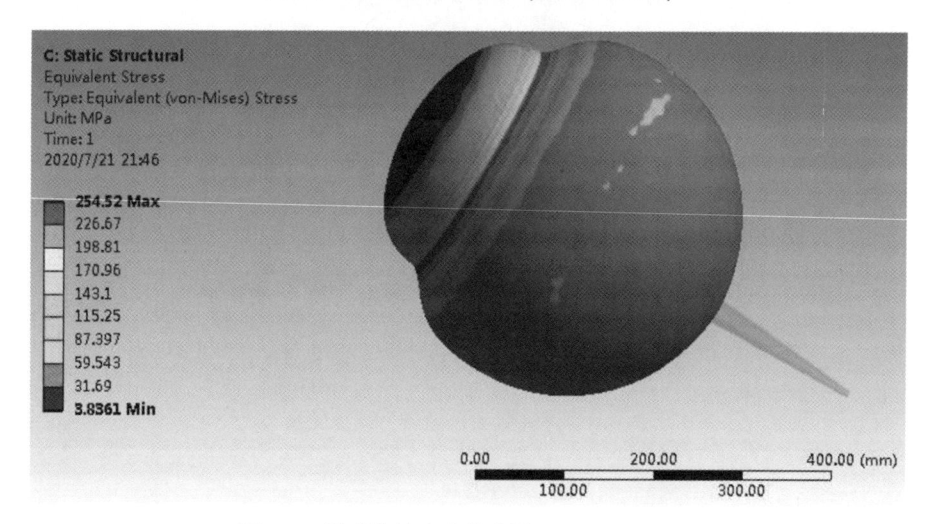

图 6.8　浮球等效应力放大图（5mm～3MPa）

6.1.2　高压下浮球不同参数下的受力分析

根据计算得出的结果，通过不同压力下最大等效应力、最大等效应变、总变形位移和接触区变形位移随不同壁厚取值的变化趋势，研究当压力和壁厚不同情况下对浮球的影响，从而来为浮球的选型提供更加准确的技术支持。

（1）浮球的最大总变形随壁厚变化如图 6.9 所示。

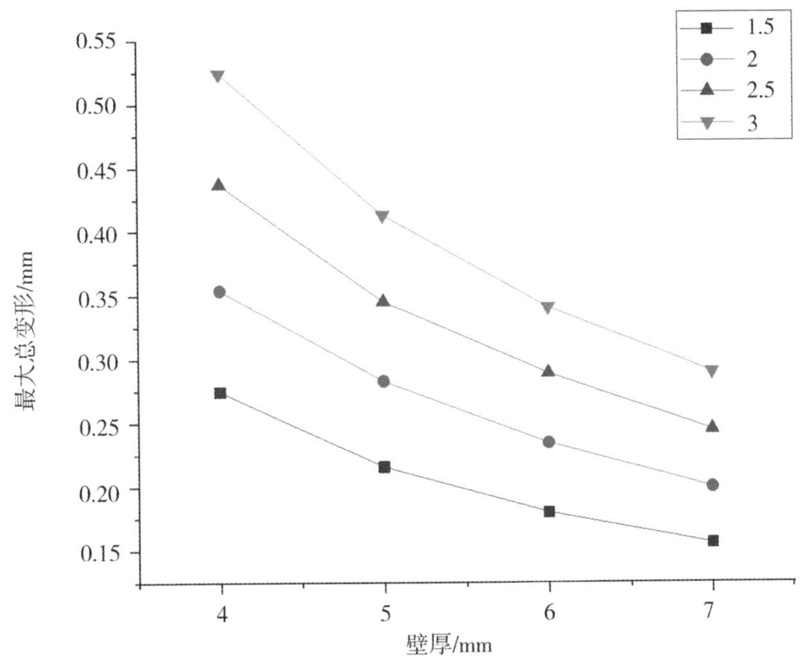

图 6.9　浮球最大总变形随壁厚变化图

从结果可以看出，在同一压力下，浮球的最大总变形随壁厚的增加而呈现逐渐降低的趋势，壁厚的增加对浮球总变形是有影响的，说明壁厚的增加对浮球的变形程度具有一定的抵抗力。当在压力为 3MPa，浮球壁厚为 4mm 时，浮球的最大总变形为 0.52405mm，而壁厚为 5mm、6mm、7mm 时，浮球的最大总变形依次为 0.41289mm、0.34067mm、0.28986mm；其中，壁厚每增加 1mm，浮球的最大总变形每次减少 0.11116mm、0.07222mm、0.05081mm，每次的变化值在减少，说明壁厚的增加对浮球变形程度的抵抗力在降低。

而在同一壁厚下，压力的变化对浮球的变形情况是有较大影响的，压力越大浮球的变形程度越大。当浮球壁厚为 4mm，压力为 1.5MPa 时，浮球的最大总变形为 0.27452mm，随着压力增加到 2MPa、2.5MPa、3MPa 时，浮球的最大总变形依次增加为 0.35381mm、0.43685mm、0.52405mm，其中压力每增加 0.5MPa，浮球的最大总变形每次增加 0.07929mm、0.08304mm、0.0872mm，每次的变化值在增加，说明压力的增大对浮球变形程度的变化值影响越大；当浮球壁厚为 7mm，压力 1.5MPa 时，浮球的最大总变形为 0.15582mm，随着压力增加到 2MPa、2.5MPa、3MPa 时，浮球的最大总变形依次增加为 0.19959mm、0.24467mm、0.28986mm，其中压力每增加 0.5MPa，浮球的最大总变形每次增加 0.04377mm、0.04508mm、0.04519mm，每次的变化值仍然在增加，但变化很小，说明当壁厚增加到一定值时，压力的增大对浮球变形程度的变化值趋于稳定。

（2）浮球接触区最大变形随壁厚变化的示意图如图 6.10 所示。

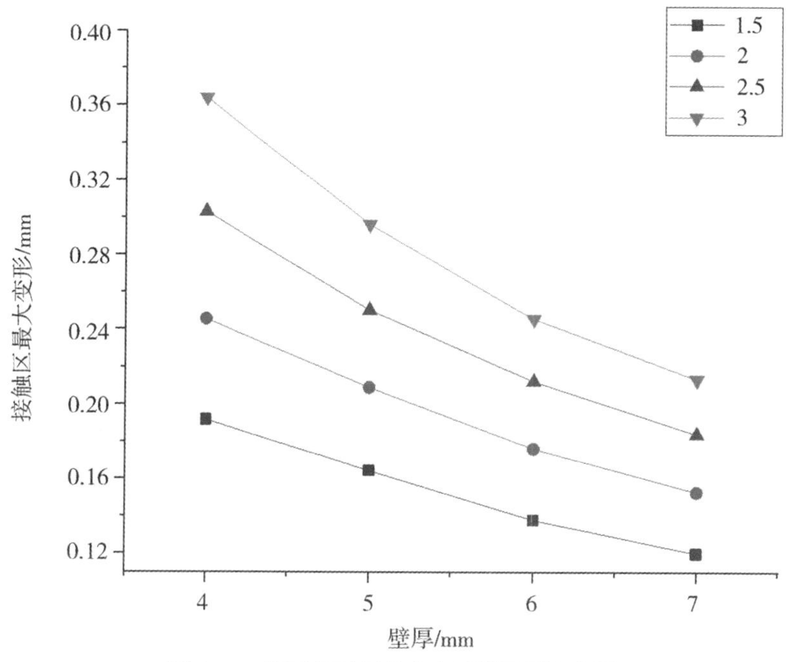

图 6.10　浮球接触区最大变形随壁厚变化图

在图 6.10 中，在同一压力下，浮球的接触区最大变形随壁厚的增加而呈现逐渐降低的趋势。当在压力为 3MPa，浮球壁厚为 4mm 时，浮球的接触区最大变形为 0.364mm，而壁厚为 5mm、6mm、7mm 时，浮球的接触区最大变形依次为 0.29611mm、0.24546mm、0.2132mm，其中壁厚每增加 1mm，浮球的接触区最大变形每次减少 0.06789mm、0.05065mm、0.03226mm，每次的变化值在减少，说明壁厚的增加对浮球接触区变形程度的抵抗力在降低。当在压力为 3MPa，浮球壁厚为 4mm、5mm、6mm、7mm 时，浮球的接触区最大变形量占浮球最大总变形的百分比分别为 69.5%、71.7%、72.1%、73.6%，接触区变形量占浮球总变形的百分比依次递增，说明随着壁厚的增加，浮球的变形越来越集中在接触区，而未接触区域的变形则较小。当浮球壁厚为 7mm，压力为 1.5MPa、2MPa、2.5MPa、3MPa 时，浮球的接触区最大变形依次为 0.11992mm、0.15269mm、0.18378mm、0.2132mm，分别占浮球最大总变形的百分比为 77.0%、76.5%、75.1%、73.6%，接触区变形量占浮球总变形的百分比依次递减，说明随着压力的增大，浮球在接触区的变形比重逐渐降低，而未接触区域的变形则逐渐上升。

(3) 浮球的最大等效应变和最大等效应力随壁厚变化如图 6.11 和 6.12 所示。

从图上结果中可以看出，在同一压力下，浮球的最大等效应变和最大等效应力都随壁厚的增加而呈现逐渐降低的趋势，壁厚的增加对浮球的应变和应力是有影响的，说明壁厚的增加对降低浮球的应变和应力具有一定的效果。随着壁厚的增加，等效应变和等效应力也随之减小，当壁厚从 4mm 增加到 5mm 时，等效应变和等效应力减小速率最大，降低的幅度变大，说明此阶段对于降低应变和应力的效果最好；当壁厚从 5mm 增加到 6mm、6mm 增加到 7mm 时，等效应变和等效应力减小速率变化相对平缓，降低的幅度变小，但总体减小的趋势一致，说明这两个阶段对于减小应变和应力的效果在不断降低。

当在压力为 3MPa，浮球壁厚为 4mm 时，浮球的最大等效应变为 0.00185mm，而壁厚为 5mm、6mm、7mm 时，浮球的最大等效应变依次为 0.00128mm、0.00105mm、0.00089mm，其中壁厚每增加 1mm，浮球的最大等效应变每次减少 0.00057mm、0.00023mm、0.00016mm，每次的变化值在

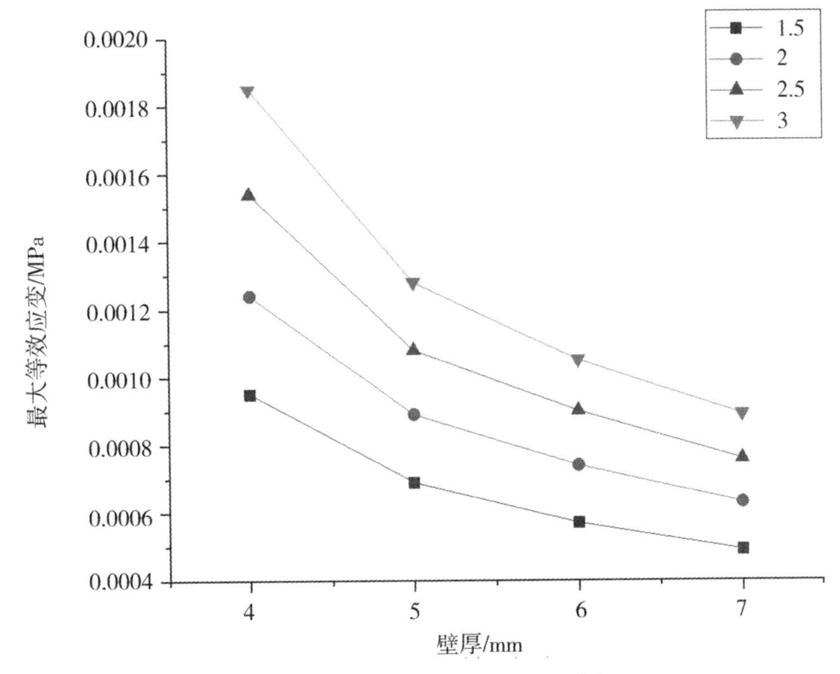

图 6.11　浮球最大等效应变随壁厚变化图

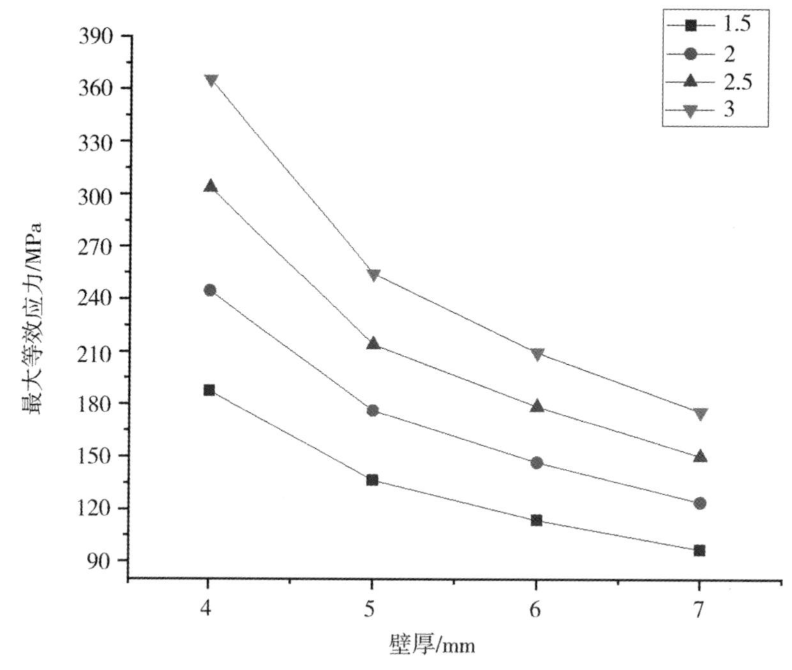

图 6.12　浮球最大等效应力随壁厚变化图

减少，说明壁厚的增加对降低浮球的应变效果在降低。当在压力为 3MPa，浮球壁厚为 4mm 时，浮球的最大等效应力为 365.44MPa，而壁厚为 5mm、6mm、7mm 时，浮球的最大等效应力依次为 254.52MPa、209.43MPa、175.92MPa，其中壁厚每增加 1mm，浮球的最大等效应力每次减少 110.92MPa、45.09MPa、33.51MPa，每次的变化值在减少，说明壁厚的增加对降低浮球的应力效果在降低。

6.2　高压下浮筒的受力计算与分析

现选取不锈钢 304 的材料，并选用 1.5MPa、2.0MPa、2.5MPa、3MPa 这四个压力分别对 4mm、5mm、6mm、7mm 四个壁厚值进行计算，得出不同压力、不同壁厚对浮筒总变形、等效应变、等效应力以及接触部位变形的影响。

6.2.1　高压下浮筒的受力分布计算

下面以壁厚为 5mm 的浮筒在 3MPa 水压力下的计算结果为例，对浮筒的受力状况进行详细描述与分析。

（1）浮筒的最大总变形计算结果见表 6.5 所示。

表 6.5　浮筒最大总变形计算结果

壁厚/mm	压力/MPa			
	1.5	2	2.5	3
4	0.25612	0.31224	0.40312	0.48873
5	0.21263	0.27835	0.33912	0.398
6	0.17688	0.23141	0.28201	0.33122
7	0.15522	0.20169	0.24571	0.28888

由上述表 6.5 可知，在压力变化范围内，浮球在 4mm、5mm、6mm、7mm 四个壁厚值的最大总变形分别为 0.48873mm、0.398mm、0.33122mm、0.28888mm，随着壁厚的增加，最大总变形依次递减，成反比。

浮筒受力后的整体总变形位移如图 6.13 所示，从图中可以看出在上顶部与金属阀座的密封圈接触的位置浮筒的变形最大，从上往下变形依次减小，到大概 1/4 位置时达到最小；然后再往下依次增大，底部相对的达到最大，变形最大的分别在顶部与底部。图 6.14 为浮筒总变形位移效果倍数放大后的示意图，从图中可以很明显的看出在上顶部与金属阀座的密封圈接触的位置发生了变形，围着接触位置一圈都发生了凹陷变形，说明此处是最容易变形。

（2）浮筒的接触区最大变形计算结果见表 6.6 所示。

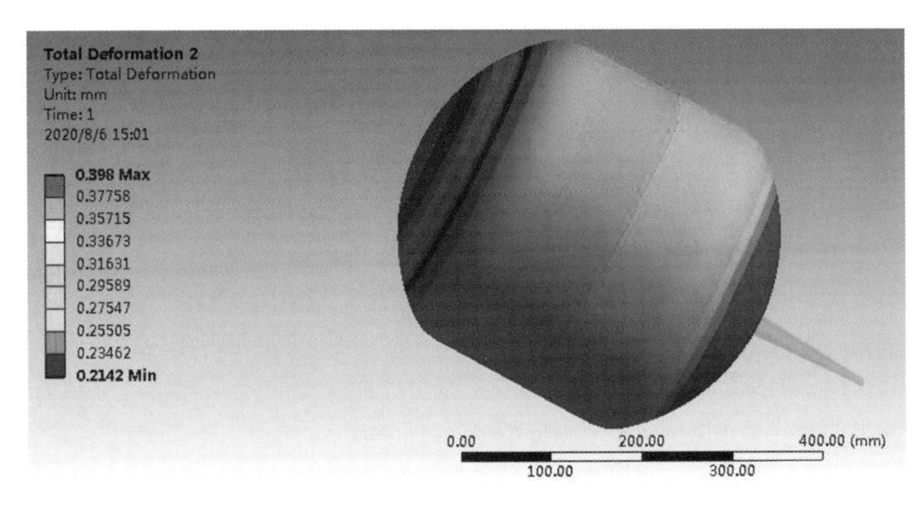

图 6.13　浮筒总变形图（5mm～3MPa）

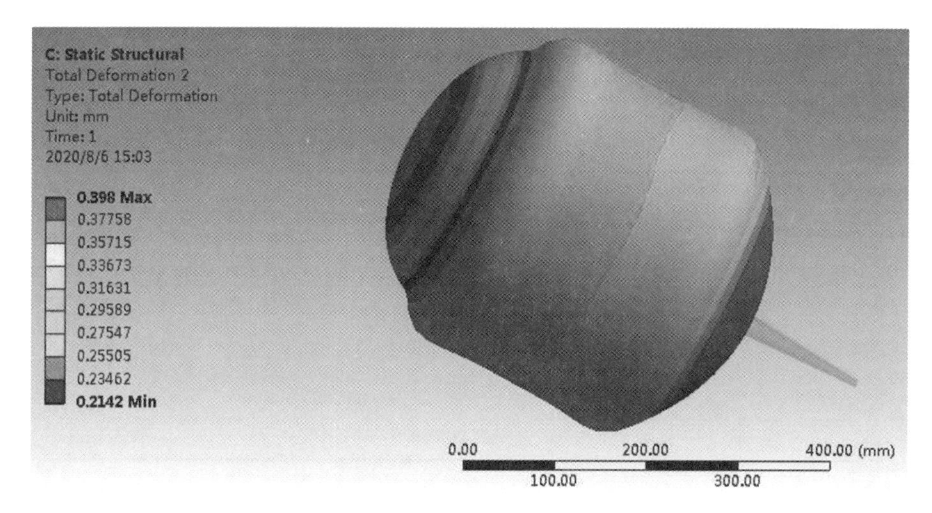

图 6.14 浮筒总变形放大图（5mm～3MPa）

表 6.6 浮筒接触区最大变形计算结果

壁厚/mm	压力/MPa			
	1.5	2	2.5	3
4	0.16635	0.20272	0.25889	0.31453
5	0.14087	0.18117	0.21809	0.25343
6	0.12072	0.1547	0.1862	0.21647
7	0.10989	0.13789	0.16434	0.19089

由上述表 6.6 可知，在压力变化范围内，浮筒在 4mm、5mm、6mm、7mm 四个壁厚值的接触区最大变形分别为 0.31453mm、0.25343mm、0.21647mm、0.19089mm，随着壁厚的增加，接触区最大变形依次递减，成反比；其变形量占浮筒最大总变形的百分比分别为 64.4%、63.7%、65.4%、66.1%，接触区变形量占浮筒总变形的百分比是先减小后增加。

浮筒受力后的接触区变形如图 6.15 所示，图 6.16 为浮筒接触区变形效果倍数放大后的示意图。结合两张变形图可以看出，浮筒的变形集中在与金属阀座的密封圈接触的位置，从此处向内凹陷，从接触区变形量占浮筒总变形的百分比可以得出接触区的变形平均占到了整个浮筒变形的 65%以上，是最主要的变形部分，是我们应该重点考虑的地方。

（3）浮筒的最大等效应变计算结果见表 6.7 所示。

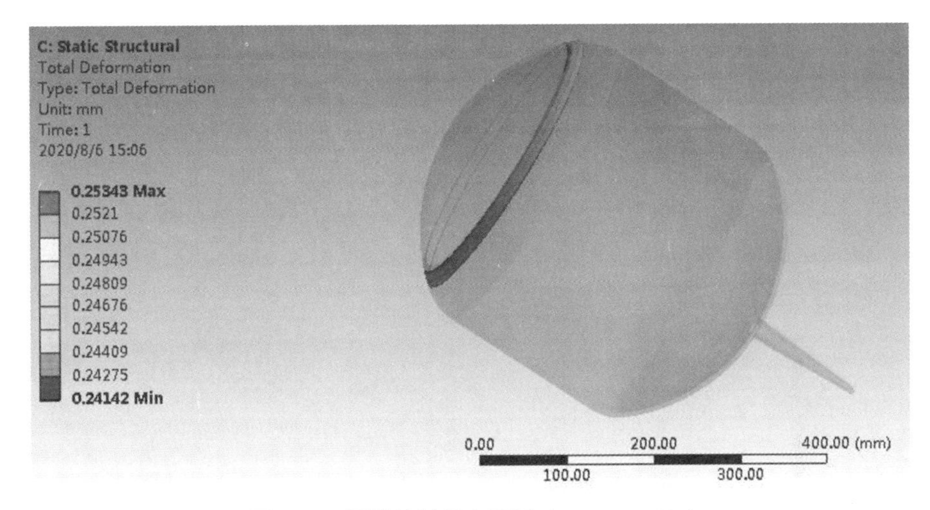

图 6.15　浮筒接触区变形图（5mm～3MPa）

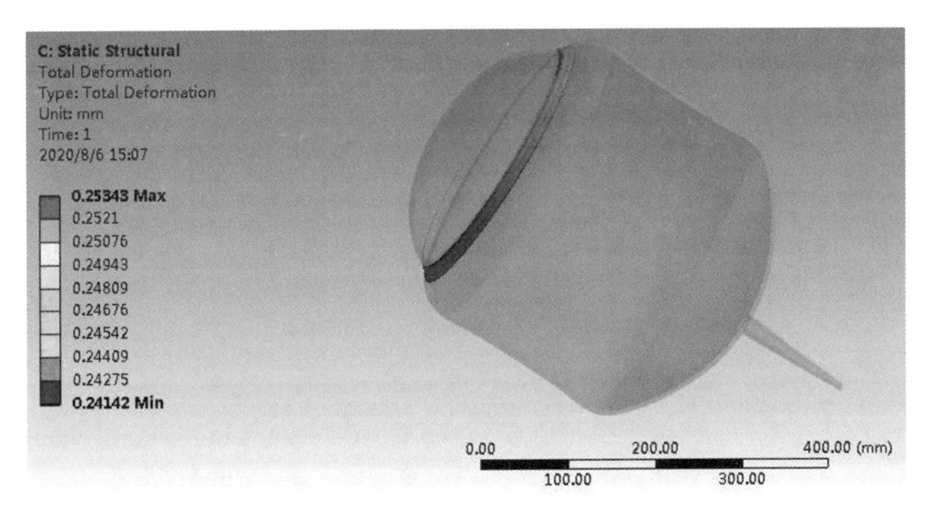

图 6.16　浮筒接触区变形放大图（5mm～3MPa）

表 6.7　浮筒最大等效应变计算结果

壁厚/mm	压力/MPa			
	1.5	2	2.5	3
4	0.00084	0.00105	0.00132	0.00159
5	0.00068	0.00087	0.00105	0.00122
6	0.00061	0.00077	0.00091	0.00106
7	0.00077	0.00099	0.00119	0.0014

表 6.7 结果显示，在压力变化范围内，浮筒在 4mm、5mm、6mm、7mm 四个壁厚值的最大等效应变分别为 0.00159mm、0.00122mm、0.00106mm、0.0014mm，随着壁厚的增加，最大等效应变是先减小后增加。

浮筒受力后的等效应变如图 6.17 所示，图 6.18 为浮筒等效应变效果倍数放大后的示意图。结合两张变形图可以看出，在上顶部与金属阀座的密封圈接触的位置浮筒的应变最大，并在接触区域两边应变较为集中，以接触区域为界限，应变往上下两边依次减小。

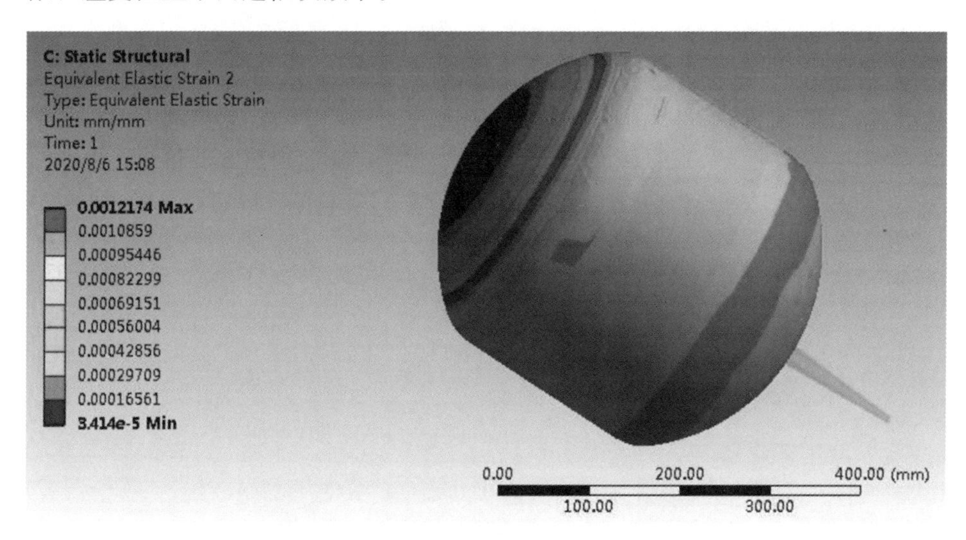

图 6.17　浮筒等效应变图（5mm～3MPa）

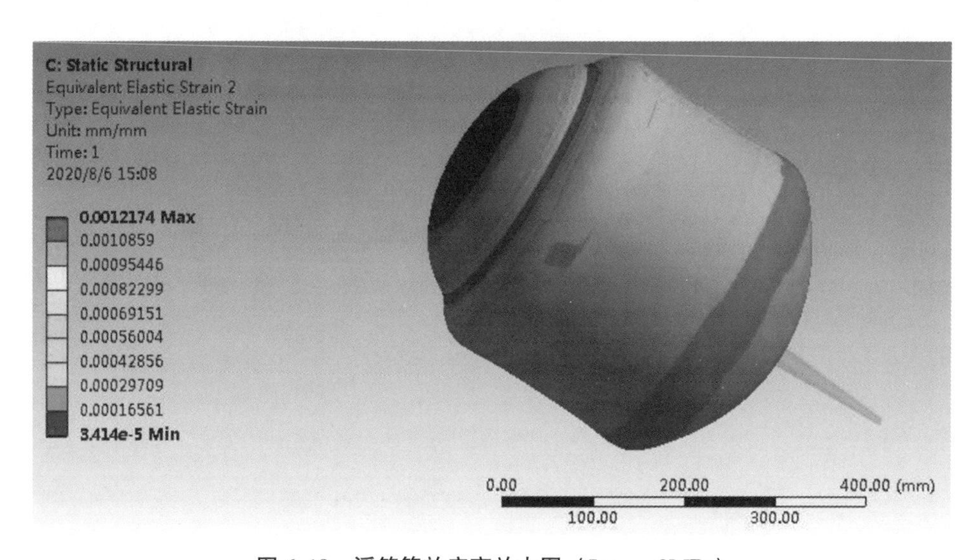

图 6.18　浮筒等效应变放大图（5mm～3MPa）

（4）浮筒的最大等效应力计算结果见表 6.8 所示。

表 6.8　浮筒最大等效应力计算结果

壁厚/mm	压力/MPa			
	1.5	2	2.5	3
4	167.13	208.62	264.06	316.72
5	135.17	172.35	207.51	241.97
6	121.37	150.75	178.67	205.9
7	115.65	143.86	170.63	196.51

由上述表 6.8 可知，在压力变化范围内，浮球在 4mm、5mm、6mm、7mm 四个壁厚值的最大等效应力分别为 316.72MPa、241.97MPa、205.9MPa、196.51MPa，随着壁厚的增加，最大等效应力依次递减，成反比。

浮筒受力后的等效应力如图 6.19 所示，图 6.20 为浮筒等效应力效果倍数放大后的示意图。结合两张变形图可以看出，在上顶部与金属阀座的密封圈接触的位置浮筒的应力最大，并在接触区域两边应力较为集中，以接触区域为界限，应力往上下两边依次减小。

6.2.2　高压下浮筒不同参数下的受力分析

根据计算得出的结果，通过不同压力下最大等效应力、最大等效应变、总变形位移和接触区变形位移随不同壁厚取值的变化趋势，研究当压力和壁厚不同情况下对浮筒的影响。

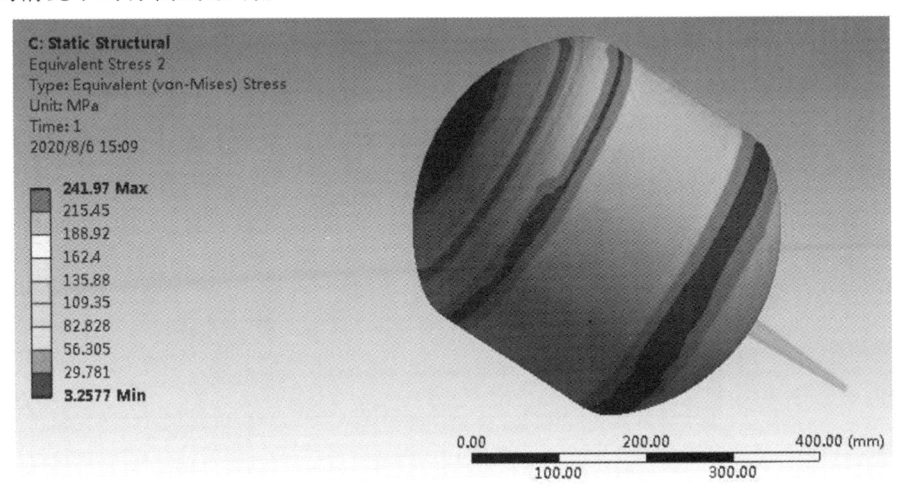

图 6.19　浮筒等效应力图（5mm～3MPa）

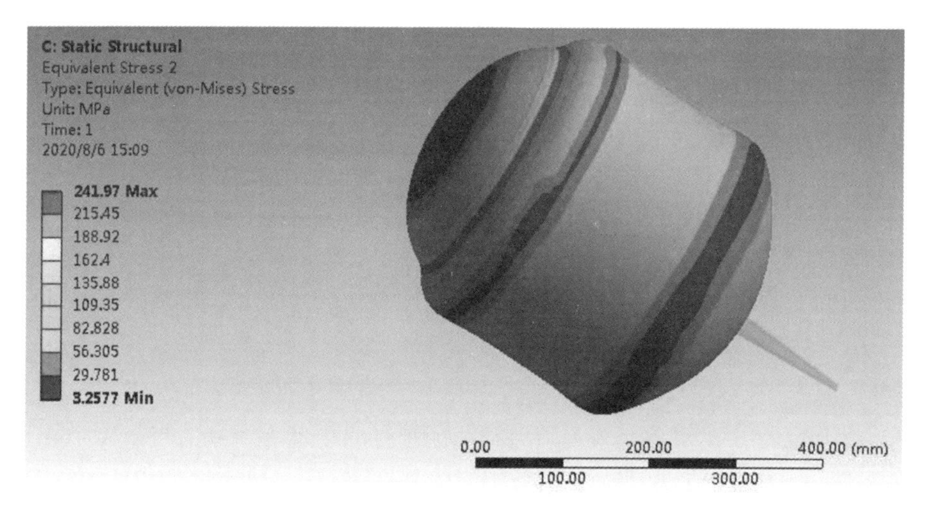

图 6.20　浮筒等效应力放大图（5mm～3MPa）

（1）浮筒的最大总变形随壁厚变化如图 6.21 所示。

从图中结果可以看出，在同一压力下，浮筒的最大总变形随壁厚的增加而呈现逐渐降低的趋势，壁厚的增加对浮筒总变形是有影响的，说明壁厚的增加对浮筒的变形程度具有一定的抵抗力。当在压力为 3MPa，浮筒壁厚为 4mm

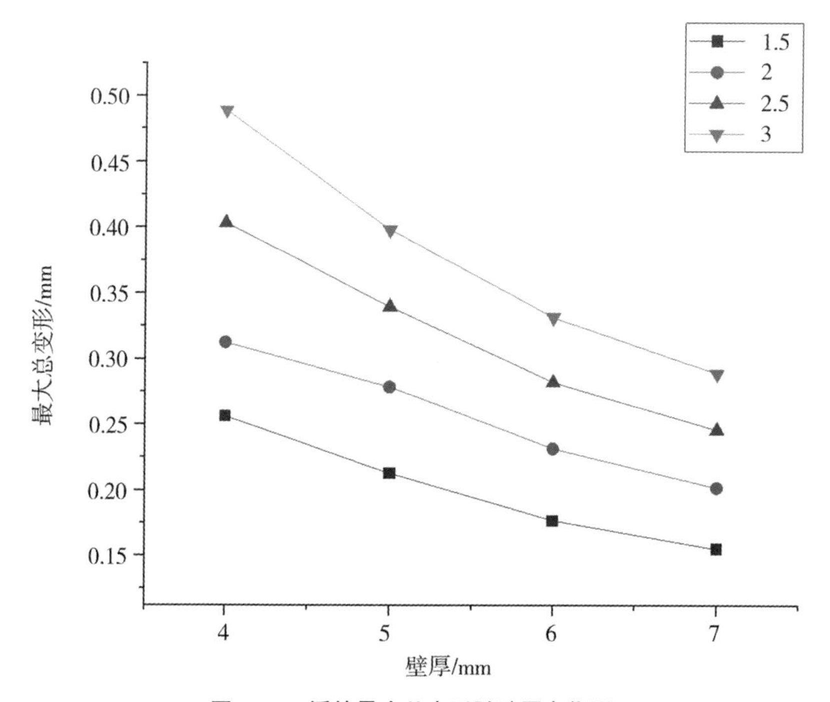

图 6.21　浮筒最大总变形随壁厚变化图

时，浮筒的最大总变形为 0.48873mm，而壁厚为 5mm、6mm、7mm 时，浮筒的最大总变形依次为 0.398mm、0.33122mm、0.28888mm，其中壁厚每增加 1mm，浮筒的最大总变形每次减少 0.09073mm、0.06678mm、0.04234mm，每次的变化值在减少，说明壁厚的增加对浮筒变形程度的抵抗力在降低。

而在同一壁厚下，压力的变化对浮筒的变形情况是有较大影响的，压力越大浮筒的变形程度越大。当浮筒壁厚为 4mm，压力为 1.5MPa 时，浮筒的最大总变形为 0.25612mm，随着压力增加到 2MPa、2.5MPa、3MPa 时，浮筒的最大总变形依次增加为 0.31224mm、0.40312mm、0.48873mm，其中压力每增加 0.5MPa，浮筒的最大总变形每次增加 0.05612mm、0.09088mm、0.08561mm，每次的增加值是先增快再降低；当浮筒壁厚为 7mm，压力 1.5MPa 时，浮筒的最大总变形为 0.15522mm，随着压力增加到 2MPa、2.5MPa、3MPa 时，浮筒的最大总变形依次增加为 0.20169mm、0.24571mm、0.28888mm，其中压力每增加 0.5MPa，浮筒的最大总变形每次增加 0.04647mm、0.04402mm、0.04317mm，每次的变化值在降低，但变化很小，说明当壁厚增加到一定值时，压力的增大对浮筒变形程度的变化值趋于稳定。

（2）浮筒接触区最大变形随壁厚变化如图 6.22 所示。

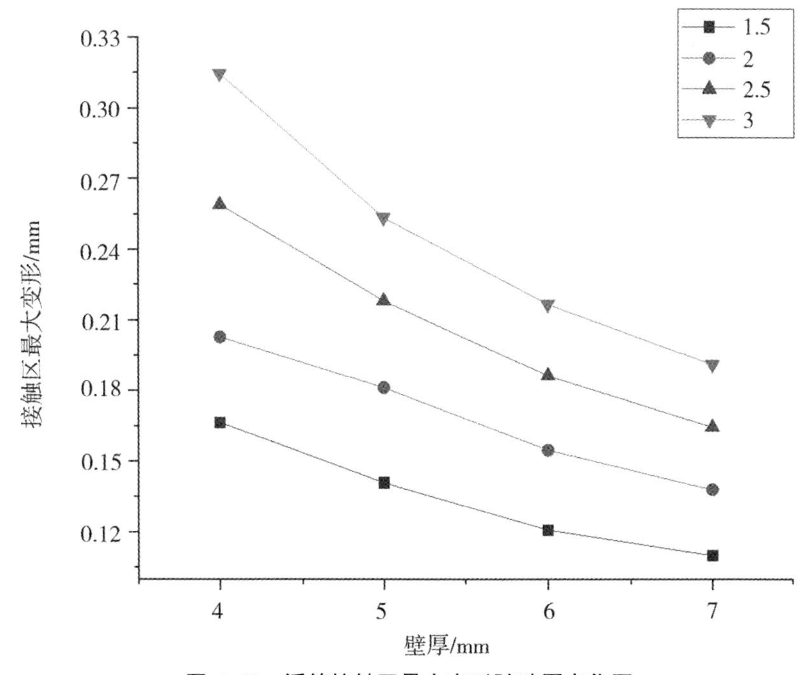

图 6.22　浮筒接触区最大变形随壁厚变化图

在图 6.22 结果中，在同一压力下，浮筒的接触区最大变形随壁厚的增加而呈现逐渐降低的趋势。当在压力为 3MPa，浮筒壁厚为 4mm 时，浮筒的接触区最大变形为 0.31453mm，而壁厚为 5mm、6mm、7mm 时，浮筒的接触区最大变形依次为 0.25343mm、0.21647mm、0.19089mm，其中壁厚每增加 1mm，浮筒的接触区最大变形每次减少 0.0611mm、0.03696mm、0.02558mm，每次的变化值在减少，说明壁厚的增加对浮筒接触区变形程度的抵抗力在降低。当在压力为 3MPa，浮筒壁厚为 4mm、5mm、6mm、7mm 时，浮筒的接触区最大变形量占浮筒最大总变形的百分比分别为 64.4%、63.7%、65.4%、66.1%，接触区变形量占浮筒总变形的百分比是先减小后增加，说明在壁厚为 5mm 时，浮筒在接触区的变形占浮筒总变形的比重最小，然后从此壁厚值增加，浮筒的变形越来越集中在接触区，而未接触区域的变形则较小。当浮筒壁厚为 7mm，压力为 1.5MPa、2MPa、2.5MPa、3MPa 时，浮筒的接触区最大变形依次为 0.10989mm、0.13789mm、0.16434mm、0.19089mm，分别占浮筒最大总变形的百分比为 70.8%、68.4%、66.9%、66.1%，接触区变形量占浮筒总变形的百分比依次递减，说明随着压力的增大，浮筒在接触区的变形比重逐渐降低，而未接触区域的变形则逐渐上升。

（3）浮筒的最大等效应变和最大等效应力随壁厚变化如图 6.23 和图 6.24 所示。

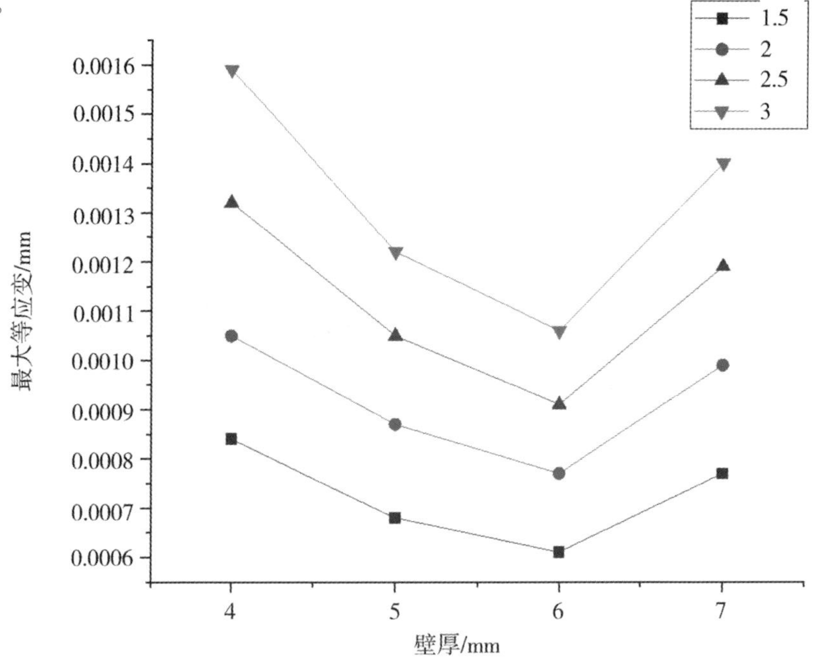

图 6.23　浮筒最大等效应变随壁厚变化图

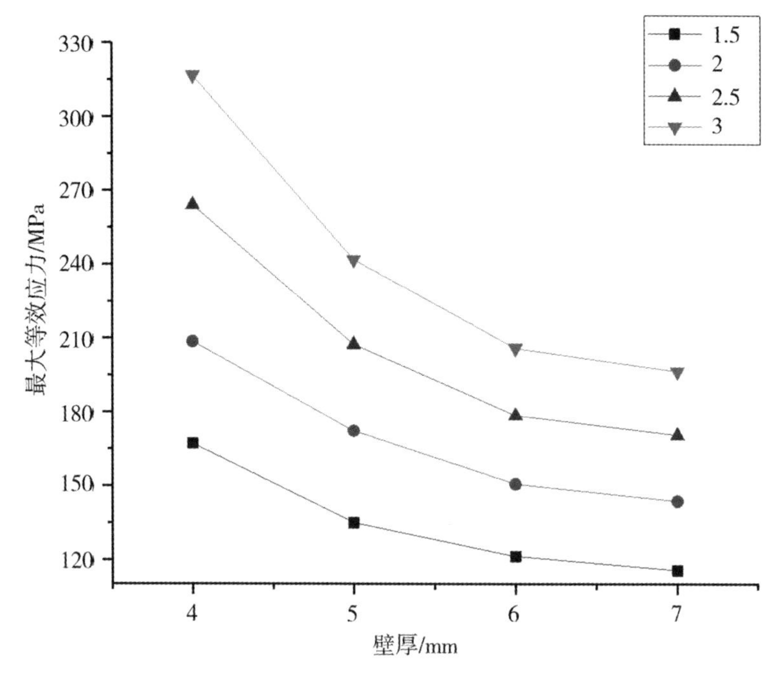

图 6.24　浮筒最大等效应力随壁厚变化图

从图 6.23 中可以看出，在同一压力下，浮筒的最大等效应变随壁厚的增加先降低后升高，在壁厚为 6mm 时，等效应变降到最小，然后从壁厚 6mm 增加到 7mm 时，浮筒的等效应变陡增，甚至超过壁厚 5mm 的等效应变值。因此当壁厚为 6mm 时的最大等效应变最小。

在图 6.24 中，同一压力下，浮筒的最大等效应力随壁厚的增加而呈现逐渐降低的趋势，当壁厚从 4mm 增加到 5mm 时，等效应力减小速率最大，降低的幅度变大，说明此阶段对于降低应力的效果最好；当壁厚从 5mm 增加到 6mm 时，降低的幅度变小，从 6mm 增加到 7mm 时，等效应力减小速率变化相对平缓，但总体减小的趋势一致，说明这两个阶段对于减小应力的效果在不断降低，但第二个阶段的变化不大，几乎呈水平，对降低等效应力的效果不大。综上所述，当壁厚为 6mm 时，对降低浮筒的等效应变和等效应力的效果最佳。

6.3　高压下浮球与浮筒受力对比分析

综合以上浮球与浮筒的模拟结果，选取壁厚为 5mm，水压力为 3MPa 和壁厚为 6mm，水压力为 3MPa 的受力计算结果，将其数据汇总，绘制出浮球与浮筒受力对比表，如表 6.9 所示。

表 6.9　浮球与浮筒受力结果对比

模型	最大总变形 /mm	接触区最大变形 /mm	最大等效应变 /mm	最大等效应力 /MPa
浮球（5mm）	0.41289	0.29611	0.00128	254.52
浮筒（5mm）	0.398	0.25343	0.00122	241.97
浮球（6mm）	0.34067	0.24546	0.00105	209.43
浮筒（6mm）	0.33122	0.21647	0.00106	205.9

根据表 6.9 中的结果可以看出，当壁厚为 6mm，水压力为 3MPa 时，浮球和浮筒的最大等效应变相差 0.00001mm，几乎没有差别；除此之外，当壁厚为 5mm，水压力为 3MPa 和壁厚为 6mm，水压力为 3MPa 时，浮筒的最大总变形、接触部位最大变形、最大等效应变以及最大等效应力都要比浮球小，说明浮筒要比浮球抵抗力更强，更不容易被破坏。因此，在高压下，吸排气阀的浮筒结构具有较强的抗变形能力。

6.4　本章小结

本章内容对吸排气阀的浮球以及浮筒结构分别在高压下进行了受力分析，并对两种结构的受力情况做了比较，主要有以下建议与结论：

（1）浮球的最大总变形和接触区最大变形都随壁厚的增加而逐渐降低，但浮球对变形程度的抵抗力在降低，降低的幅度也减小了；浮球的最大总变形随压力的增大而增大，并且增加的幅度也有上升，但随着壁厚到达一定值时，压力的增大对浮球变形程度的变化值趋于稳定。浮球的最大等效应变和最大等效应力都随着壁厚的增加而减小，但对降低浮球的应变和应力效果在降低。

（2）当压力一定时，随着壁厚的增加，浮球的接触区最大变形量占浮球最大总变形的百分比依次递增，浮球的变形越来越集中在接触区；当壁厚一定时，随着压力的增大，接触区变形量占浮球总变形的百分比是依次递减，浮球在接触区的变形比重逐渐降低。

（3）浮筒的最大总变形和接触区最大变形都随壁厚的增加而逐渐降低，但浮筒对变形程度的抵抗力在降低；浮筒的最大总变形随压力的增大而增大，并且增加的幅度也有上升，但随着壁厚到达一定值时，压力的增大对浮筒变形程度的变化值趋于稳定。浮筒的最大等效应变随壁厚的增加先降低后升高，在壁厚为 6mm 时，等效应变达到最小值，当壁厚为 6mm 时，对降低浮筒的等效应变和等效应力的效果最佳。

（4）当压力一定时，随着壁厚的增加，浮筒的接触区最大变形量占浮筒最大总变形的百分比是先减小后增加的，在壁厚为 5mm 时，浮筒在接触区的变形占浮筒总变形的比重达到最小值；当壁厚一定时，随着压力的增大，接触区变形量占浮筒总变形的百分比是依次递减，浮筒在接触区的变形比重逐渐降低。

（5）从最大总变形、接触部位最大变形、最大等效应变以及最大等效应力四个值来对吸排气阀的浮球和浮筒结构在高压下进行对比分析，浮筒要比浮球抵抗力更强，更不容易出现被挤压变形的现象，因此吸排气阀的浮筒结构具有较强的抗变形能力。

第7章　低压下的浮球与浮筒受力分析

为研究浮球及浮筒在低压下的受力状况，本章以浮球及浮筒为研究对象，对不同的壁厚值选取四个低压值进行受力分析，对比分析其不同工况下的最大总变形、最大等效应力、最大接触压力等。

7.1　低压下浮球的受力计算与分析

复合式吸排气阀的大孔口和微量排气孔口应具有较好的低压密封性能，其最小水关闭压力不得高于2m。在管道水压达到2m时，大孔口和微量排气孔口应该均能良好密封，无可见低压渗漏，防止在管路压力较低时吸排气阀发生泄漏。因此选用不锈钢304的材料，在低压下选取0.005MPa、0.01MPa、0.015MPa、0.02MPa这四个压力值分别对4mm、5mm、6mm、7mm四个壁厚值进行计算，得出不同压力、不同壁厚对浮球总变形、等效应力、接触部位变形以及接触部位压力的影响。

7.1.1　低压下浮球的受力分布计算

在ANSYS软件分析中，通过改变荷载的压力和壁厚，来实现模拟浮球在均匀受到荷载下的情况，下面以壁厚为4mm的浮球在0.02MPa水压力下的计算结果为例，对浮球的受力状况进行详细描述与分析。

（1）浮球的最大总变形计算结果见表7.1所示。

由上述表7.1可知，在压力变化范围内，浮球在4mm、5mm、6mm、7mm四个壁厚值的最大总变形分别为0.01734mm、0.01656mm、0.0158mm、0.01502mm，随着壁厚的增加，最大总变形依次递减，成反比。通过计算发现，浮球接触区的最大变形与浮球的总变形值相同，说明在此压力范围内，浮球的总变形即接触区发生的变形。

表 7.1　浮球最大总变形计算结果

壁厚/mm	压力/MPa			
	0.005	0.01	0.015	0.02
4	0.01324	0.01366	0.01437	0.01734
5	0.0128	0.01339	0.01401	0.01656
6	0.01237	0.01306	0.01372	0.0158
7	0.01172	0.01269	0.01346	0.01502

浮球受力后的整体总变形位移如图 7.1 所示，从图中可以看出在上半球顶部与金属阀座的密封圈接触的一个点位置浮球的变形达到最大，以这点为中心向周围逐渐减小，再往下未接触区域的变形慢慢稳定。

图 7.1　浮球总变形图（4mm～0.02MPa）

（2）浮球的最大等效应变计算结果见表 7.2 所示。

表 7.2　浮球最大等效应变计算结果

壁厚/mm	压力/MPa			
	0.005	0.01	0.015	0.02
4	0.000013	0.000021	0.000027	0.000034
5	0.000009	0.000016	0.000021	0.000025
6	0.0000071	0.000012	0.000015	0.000019
7	0.000006	0.00001	0.000013	0.000015

由上述表 7.2 可知，在压力变化范围内，浮球在 4mm、5mm、6mm、7mm

四个壁厚值的最大等效应力分别为 0.000034mm、0.000025mm、0.000019mm、0.000015mm，随着壁厚的增加，最大等效应变依次递减，成反比。

浮球受力后的等效应变如图 7.2 所示，从图中可以看出，在上半球顶部与金属阀座的密封圈接触的一个点位置浮球应变达到最大值，并在接触区域两边应变较为集中，以接触区域为界限，应变往上下两边依次减小。

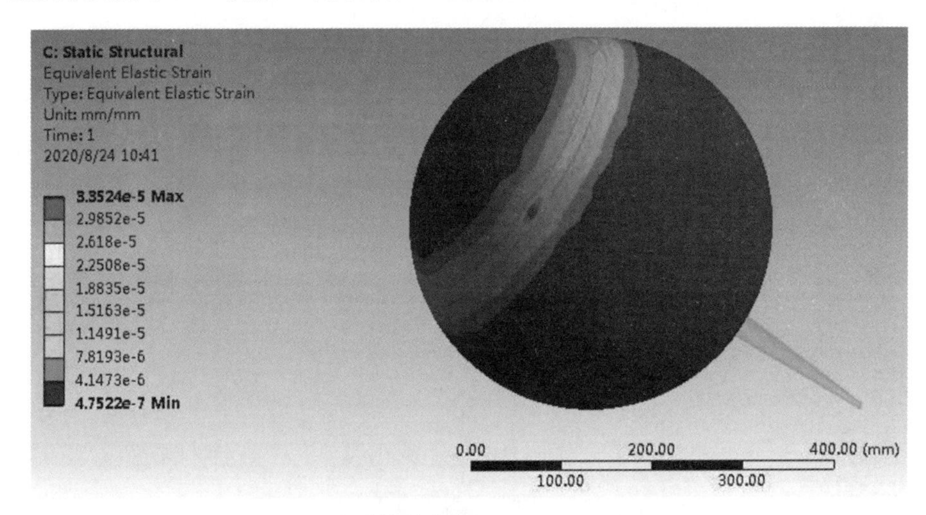

图 7.2　浮球等效应变图（4mm～0.02MPa）

（3）浮球的最大等效应力计算结果见表 7.3 所示。

表 7.3　浮球最大等效应力计算结果

壁厚/mm	压力/MPa			
	0.005	0.01	0.015	0.02
4	2.6813	4.2084	5.4463	6.6713
5	1.877	3.1133	4.0841	5.018
6	1.3986	2.3483	3.0509	3.7455
7	1.1422	1.9175	2.4829	3.0619

由上述表 7.3 可知，在压力变化范围内，浮球在 4mm、5mm、6mm、7mm 四个壁厚值的最大等效应力分别为 6.6713MPa、5.018MPa、3.7455MPa、3.0619MPa，随着壁厚的增加，最大等效应力依次递减，成反比。

浮球受力后的等效应力如图 7.3 所示，从图中可以看出，在上半球顶部与金属阀座的密封圈接触的一个点位置浮球应力达到最大值，并在接触区域两边应力较为集中，以接触区域为界限，应力往上下两边依次减小。

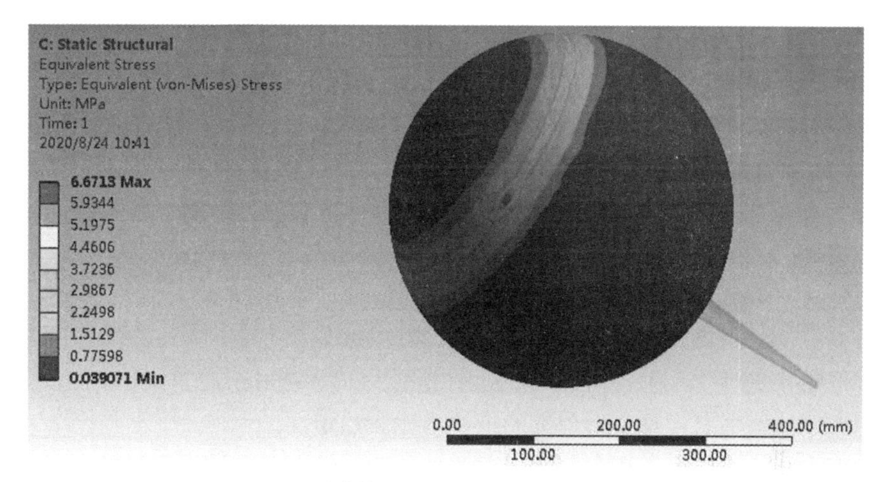

图 7.3　浮球等效应力图（4mm～0.02MPa）

7.1.2　低压下浮球不同参数下的受力分析

根据计算得出的结果，通过不同压力下浮球最大总变形、最大等效应变、最大等效应力随不同壁厚取值的变化趋势，研究当压力和壁厚不同情况下对浮球的影响，从而来为浮球的选型提供更加准确的技术支持。

（1）浮球的最大总变形随壁厚变化如图 7.4 所示。

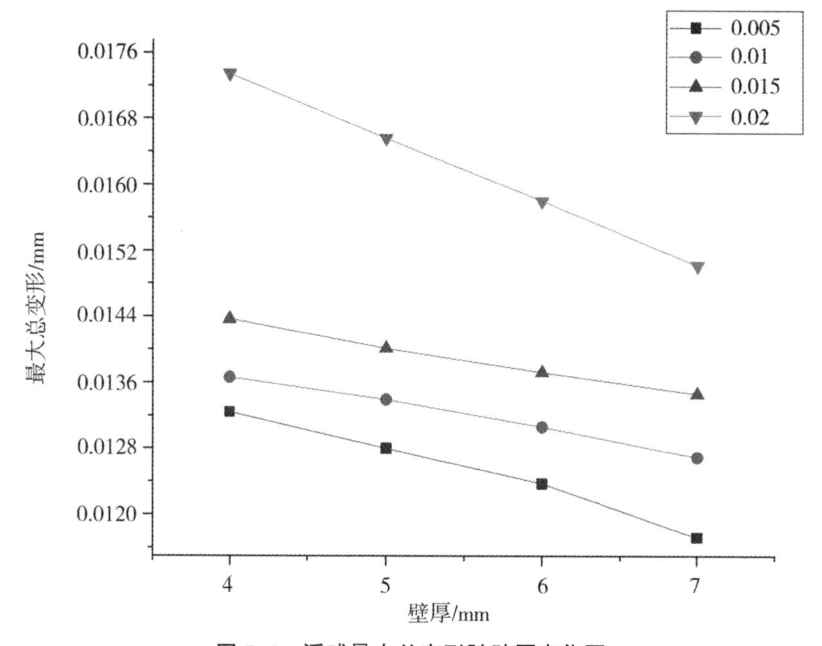

图 7.4　浮球最大总变形随壁厚变化图

从图 7.4 结果可以看出，在同一压力下，浮球的最大总变形随壁厚的增加而呈现逐渐降低的趋势，壁厚的增加对浮球总变形是有影响的，说明壁厚的增加对浮球的变形程度具有一定的抵抗力。当压力为 0.005MPa、0.01MPa、0.015MPa 时，浮球随着壁厚增加而减小的速率较小，降低的幅度缓慢，当压力为 0.02MPa 时，浮球随着壁厚增加而减小的速率较大，呈一条直线稳定降低。当在压力为 0.02MPa，浮球壁厚为 4mm 时，浮球的最大总变形为 0.01734mm，而壁厚为 5mm、6mm、7mm 时，浮球的最大总变形依次为 0.01656mm、0.0158mm、0.01502mm，其中壁厚每增加 1mm，浮球的最大总变形每次减少 0.00078mm、0.00076mm、0.00078mm，变化值几乎不变，说明壁厚的增加对浮球变形程度的抵抗力比较稳定。

而在同一壁厚下，压力的变化对浮球的变形情况是有较大影响的，压力越大浮球的变形程度越大。当浮球壁厚为 4mm，压力为 0.005MPa 时，浮球的最大总变形为 0.01324mm，随着压力增加到 0.01MPa、0.015MPa、0.02MPa 时，浮球的最大总变形依次增加为 0.01366mm、0.01437mm、0.01734mm，其中压力每增加 0.005MPa，浮球的最大总变形每次增加 0.00042mm、0.00071mm、0.00297mm，每次的变化值在增加，说明压力的增大对浮球变形程度的变化值逐渐增大。

（2）浮球的最大等效应变和最大等效应力随壁厚变化如图 7.5 和 7.6 所示。

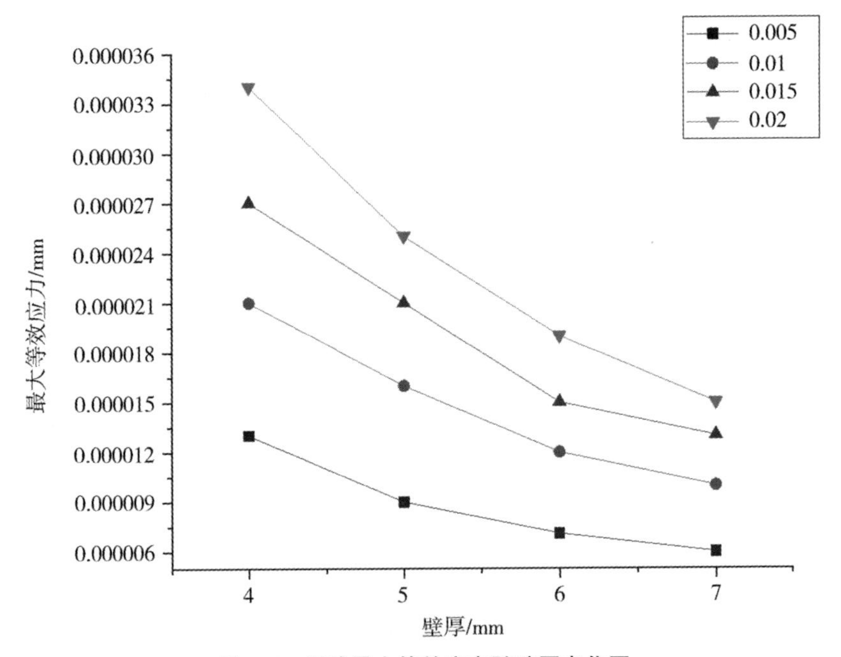

图 7.5　浮球最大等效应变随壁厚变化图

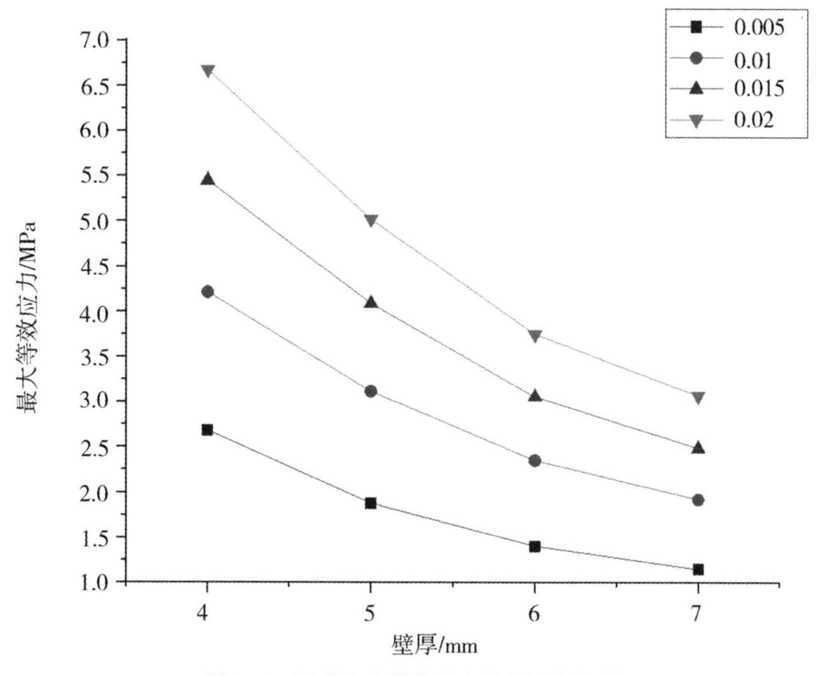

图 7.6　浮球最大等效应力随壁厚变化图

从图 7.5 和 7.6 的结果中可以看出，在同一压力下，浮球的最大等效应变和最大等效应力都随壁厚的增加而呈现逐渐降低的趋势，壁厚的增加对浮球的应变和应力是有影响的，说明壁厚的增加对降低浮球的应变和应力具有一定的效果。随着壁厚的增加，等效应变和等效应力也随之减小，当壁厚从 4mm 增加到 5mm 时，等效应变和等效应力减小速率最大，降低的幅度最大，说明此阶段对于降低应变和应力的效果最好；当壁厚从 5mm 增加到 6mm、6mm 增加到 7mm 时，等效应变和等效应力减小速率变化相对平缓，降低的幅度变小，但总体减小的趋势一致，说明这两个阶段对于减小应变和应力的效果在不断降低。

当在压力为 0.02MPa，浮球壁厚为 4mm 时，浮球的最大等效应变为 0.000034mm，而壁厚为 5mm、6mm、7mm 时，浮球的最大等效应变依次为 0.000025mm、0.000019mm、0.000015mm，其中壁厚每增加 1mm，浮球的最大等效应变每次减少 0.000009mm、0.000006mm、0.000004mm，每次的变化值在减少，说明壁厚的增加对降低浮球的应变效果在降低。当在压力为 0.02MPa，浮球壁厚为 4mm 时，浮球的最大等效应力为 6.6713MPa，而壁厚为 5mm、6mm、7mm 时，浮球的最大等效应力依次为 5.018MPa、3.7455MPa、3.0619MPa，其中壁厚每增加 1mm，浮球的最大等效应力每次减少 1.6533MPa、

1.2725MPa、0.6836MPa，每次的变化值在减少，说明壁厚的增加对降低浮球的应力效果在降低。

7.2 低压下浮筒的受力计算与分析

现选取不锈钢 304 的材料，并选用 0.005MPa、0.01MPa、0.015MPa、0.02MPa 这四个压力分别对 4mm、5mm、6mm、7mm 四个壁厚值进行计算，得出不同压力、不同壁厚对浮筒总变形、等效应变、等效应力以及接触部位变形的影响。

7.2.1 低压下浮筒的受力分布计算

下面以壁厚为 4mm 的浮筒在 0.02MPa 水压力下的计算结果为例，对浮筒的受力状况进行详细描述与分析。

(1) 浮筒的最大总变形计算结果见表 7.4 所示。

表 7.4 浮筒最大总变形计算结果

壁厚/mm	压力/MPa			
	0.005	0.01	0.015	0.02
4	0.00688	0.00735	0.00798	0.00842
5	0.00576	0.00618	0.00683	0.00793
6	0.00557	0.00597	0.00657	0.00784
7	0.00552	0.00591	0.0065	0.00766

由上述表 7.4 可知，在压力变化范围内，浮球在 4mm、5mm、6mm、7mm 四个壁厚值的最大总变形分别为 0.00842mm、0.00793mm、0.00784mm、0.00766mm，随着壁厚的增加，最大总变形依次递减，成反比。

浮筒受力后的整体总变形位移如图 7.7 所示，从图中可以看出在上顶部与金属阀座的密封圈接触位置有两点达到了最大值，以这两点呈环状向外扩散减小，变形主要集中在接触位置。通过计算发现，浮筒接触区的最大变形与浮筒的总变形值相同，说明在此压力范围内，浮筒的总变形即接触区发生的变形。

(2) 浮筒的最大等效应变计算结果见表 7.5 所示。

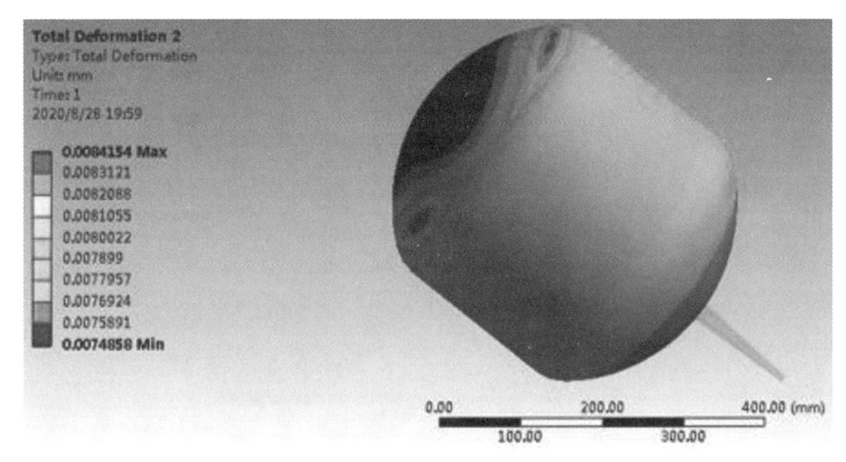

图 7.7　浮筒总变形图（4mm～0.02MPa）

表 7.5　浮筒最大等效应变计算结果

壁厚/mm	压力/MPa			
	0.005	0.01	0.015	0.02
4	0.000012	0.000017	0.000022	0.000026
5	0.000009	0.000013	0.000017	0.00002
6	0.000006	0.000012	0.000015	0.000018
7	0.000004	0.000009	0.000013	0.000018

由上述表 7.5 可知，在压力变化范围内，浮球在 4mm、5mm、6mm、7mm 四个壁厚值的最大等效应力分别为 0.000026mm、0.00002mm、0.000018mm、0.000018mm，随着壁厚的增加，最大等效应变依次递减，成反比。

浮筒受力后的等效应变如图 7.8 所示，从图中可以看出，在上半顶部与金属阀座的密封圈接触的两点位置浮筒的应变达到最大值，以这两点呈环状向外扩散减小，应变主要集中在接触位置。

（3）浮筒的最大等效应力计算结果见表 7.6 所示。

表 7.6　浮筒最大等效应力计算结果

壁厚/mm	压力/MPa			
	0.005	0.01	0.015	0.02
4	2.3175	3.4772	4.367	5.2199
5	1.6393	2.4835	3.2749	4.0315
6	1.2607	2.3878	2.9197	3.4773
7	0.8314	1.7619	2.4473	3.1166

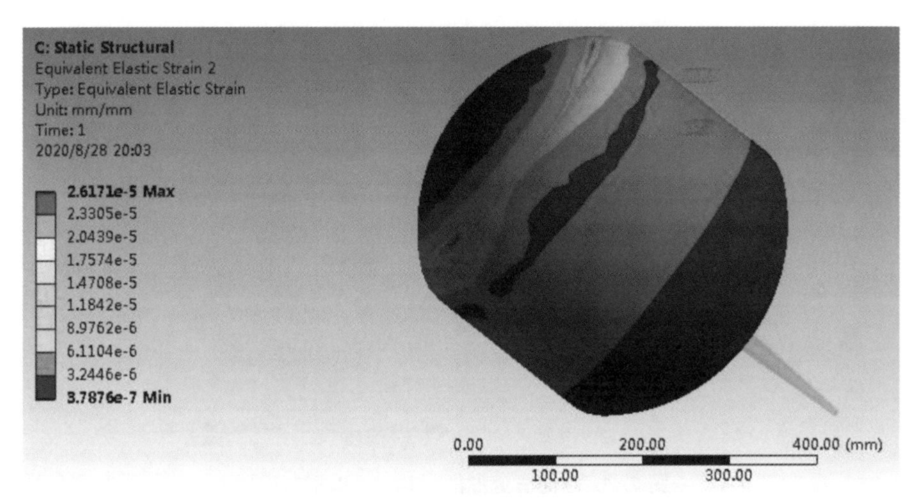

图 7.8　浮筒等效应变图（4mm～0.02MPa）

由上述表 7.6 可知，在压力变化范围内，浮球在 4mm、5mm、6mm、7mm 四个壁厚值的最大等效应力分别为 5.2199MPa、4.0315MPa、3.4773MPa、3.1166MPa，随着壁厚的增加，最大等效应力依次递减，成反比。

浮筒受力后的等效应力如图 7.9 所示，从图中可以看出，在上半顶部与金属阀座的密封圈接触的两点位置浮筒的应力达到最大值，以这两点呈环状向外扩散减小，应力主要集中在接触位置。

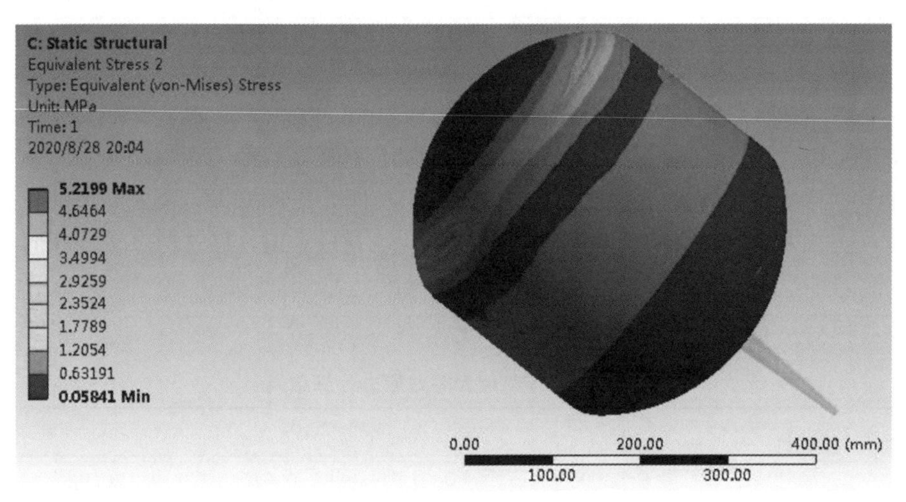

图 7.9　浮筒等效应力图（4mm～0.02MPa）

7.2.2　低压下浮筒不同参数下的受力分析

根据计算得出的结果，通过不同压力下总变形位移、最大等效应力、最大等效应变随不同壁厚取值的变化趋势，研究当压力和壁厚不同情况下对浮筒的影响。

（1）浮筒的最大总变形随壁厚变化如图 7.10 所示。

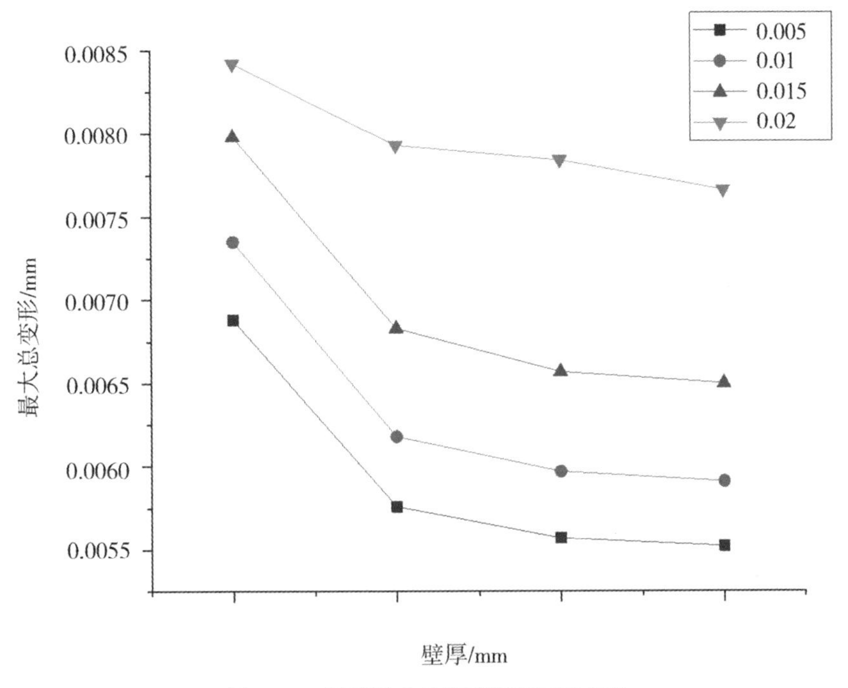

图 7.10　浮筒最大总变形随壁厚变化图

从图 7.10 结果可以看出，在同一压力下，浮筒的最大总变形随壁厚的增加而呈现逐渐降低的趋势，壁厚的增加对浮筒总变形是有影响的，说明壁厚的增加对浮筒的变形程度是具有一定的抵抗力。当壁厚从 4mm 增加到 5mm 时，总变形减小速率最大，降低的幅度最大，说明此阶段对于降低浮筒变形程度的效果最佳；当壁厚从 5mm 增加到 6mm、6mm 增加到 7mm 时，总变形减小速率变化相对平缓，降低的幅度变小，但总体减小的趋势一致，说明这两个阶段对于减小总变形的效果在不断降低。当在压力为 0.02MPa，浮筒壁厚为 4mm 时，浮筒的最大总变形为 0.00842mm，而壁厚为 5mm、6mm、7mm 时，浮筒的最大总变形依次为 0.00793mm、0.00784mm、0.00766mm，随着壁厚的增加，浮筒的变形量依次递减，壁厚从 4mm 增加到 5mm 的总变形减小的最多是 0.00049mm，说明此阶段对浮筒变形程度的抵抗力最好。

而在同一壁厚下，压力的变化对浮筒的变形情况是有较大影响的，压力越大浮筒的变形程度越大。当浮筒壁厚为 7mm，压力为 0.005MPa 时，浮筒的最大总变形为0.00552mm，随着压力增加到0.01MPa、0.015MPa、0.02MPa时，浮筒的最大总变形依次增加为0.00591mm、0.0065mm、0.00766mm，其中压力每增加0.005MPa，浮筒的最大总变形每次增加0.00039mm、0.00059mm、0.00116mm，每次的变化值在增加，说明压力的增大对浮筒变形程度的变化值逐渐增大。

(2) 浮筒的最大等效应变和最大等效应力随壁厚变化如图7.11和7.12所示。

从图7.11和7.12的结果中可以看出，在同一压力下，浮筒的最大等效应变和最大等效应力都随壁厚的增加而呈现逐渐降低的趋势，壁厚的增加对浮筒的应变和应力是有影响的，说明壁厚的增加对降低浮筒的应变和应力具有一定的效果。当在压力为0.02MPa，浮筒壁厚为4mm时，浮筒的最大等效应变为0.000026mm，而壁厚为5mm、6mm、7mm时，浮筒的最大等效应变依次为0.00002mm、0.000018mm、0.000018mm，其中壁厚每增加1mm，浮筒的最大等效应变每次减少0.000006mm、0.000002mm，0mm，每次的变化值在减少，说明壁厚的增加对降低浮筒的应变效果在降低。当在压力为0.02MPa，浮筒壁厚为4mm时，浮筒的最大等效应力为5.2199MPa，而壁厚为5mm、6mm、7mm时，浮筒的最大等效应力依次为4.0315MPa、3.4773MPa、

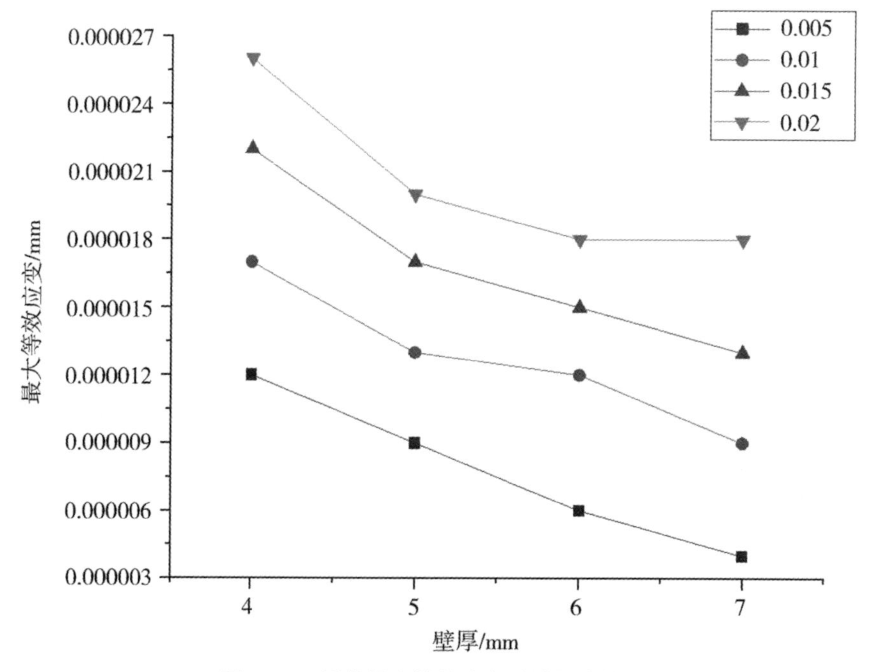

图7.11　浮筒最大等效应变随壁厚变化图

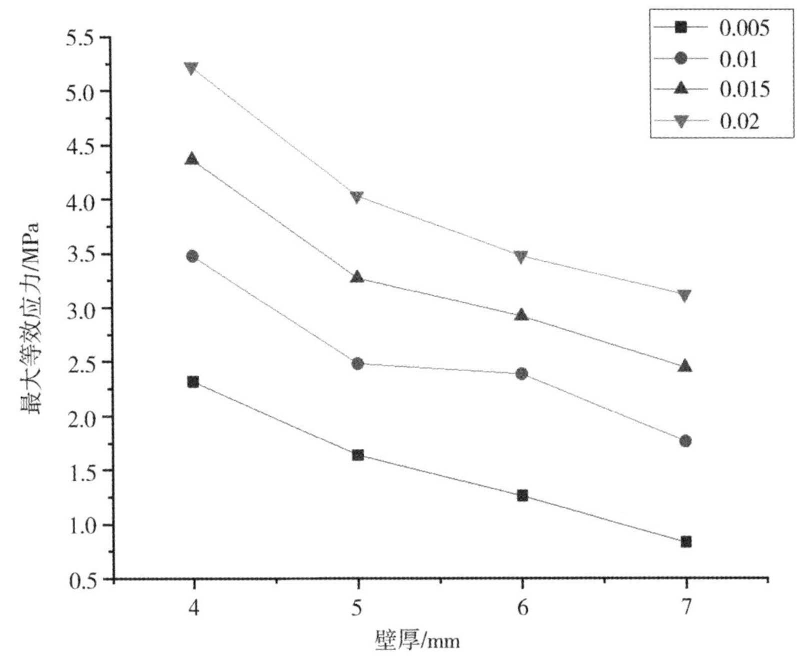

图 7.12　浮筒最大等效应力随壁厚变化图

3.1166MPa，其中壁厚每增加 1mm，浮筒的最大等效应力每次减少 1.1884MPa、0.5542MPa、0.3607MPa，每次的变化值在减少，说明壁厚的增加对降低浮筒的应力效果在降低。

7.3　低压下浮球与浮筒受力对比分析

综合以上浮球与浮筒的模拟结果，选取壁厚为 5mm，水压力为 0.02MPa 和壁厚为 6mm，水压力为 0.02MPa 的受力计算结果，将其数据汇总，绘制出浮球与浮筒受力对比表，如表 7.7 所示。

表 7.7　浮球与浮筒受力结果对比

模型	最大总变形/mm	最大等效应变/mm	最大等效应力/MPa
浮球（5mm）	0.01656	0.000025	5.018
浮筒（5mm）	0.00793	0.00002	4.0315
浮球（6mm）	0.0158	0.000019	3.7455
浮筒（6mm）	0.00793	0.000018	3.4773

根据表中7.7的结果可以看出，壁厚为5mm，水压力为0.02MPa和壁厚为6mm，水压力为0.02MPa时，浮筒的最大总变形、最大等效应变以及最大等效应力都要比浮球小，说明浮筒要比浮球抵抗力更强。因此，在低压下，吸排气阀的浮筒结构具有较强的抗变形能力。

7.4 本章小结

本章内容对吸排气阀的浮球以及浮筒结构分别在低压下进行了受力分析，并对两种结构的受力情况做了比较，主要有以下建议与结论：

（1）在低压下，浮球和浮筒接触区的最大变形与总变形值是一样的，说明在此压力范围内，浮球和浮筒的总变形即接触区发生的变形。

（2）浮球的最大总变形随壁厚的增加而呈现逐渐降低的趋势，壁厚的增加对浮球变形程度的抵抗力比较稳定；浮筒壁厚的增加对变形程度的抵抗力在降低。

（3）浮球和浮筒随着壁厚的增加对降低等效应变和等效应力效果在降低。

（4）从最大总变形、最大等效应变以及最大等效应力三个值来对吸排气阀的浮球和浮筒结构在低压下进行对比分析，浮筒要比浮球抵抗力更强，因此吸排气阀的浮筒结构具有较强的抗变形能力。

第 8 章　吸排气阀外特性试验

8.1　吸排气阀外特性试验装置

8.1.1　试验装置系统与原理

复合式吸排气阀试验根据标准：CJ/T 217—2013《给水管道复合式高速进排气阀》。试验介质为压缩空气；常温条件，公称压力≤PN 20，公称通径≤DN 300。试验项目包括：1）排气性能实试验；2）进气性能试验；3）空气闭阀试验。实验装置组成如图 8.1、图 8.2 所示。

1. 试验系统：

试验系统由储气区、调压区、排气试验区、进气试验区等组成。主要设备

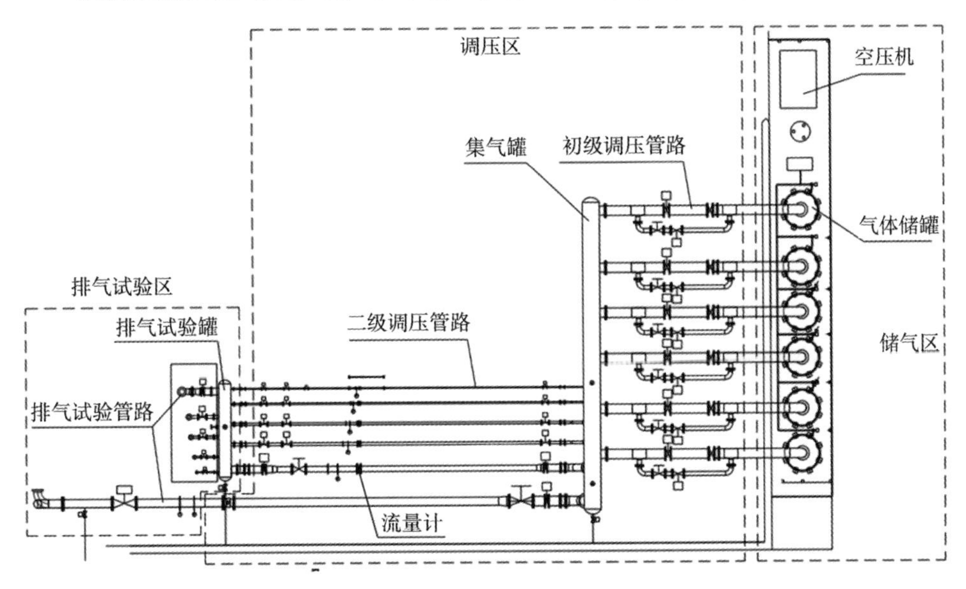

图 8.1　试验系统原理图

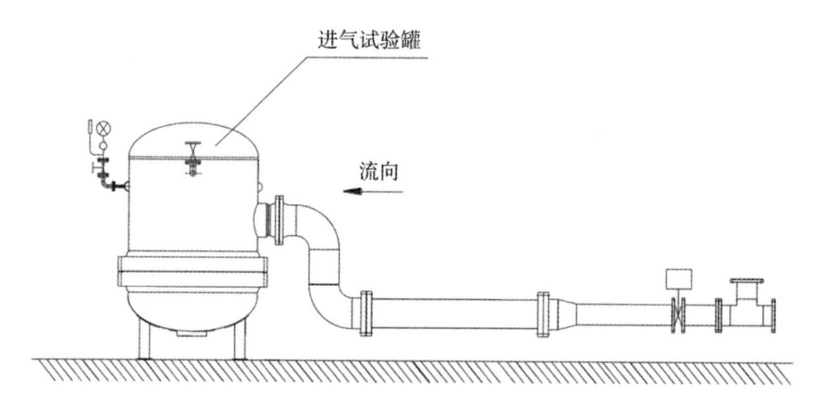

图 8.2　试验装置图

包括：空气压缩机（包括后处理设备），储气容器，试验容器，压力管道，法兰，管路密封件，开关阀，控制阀，试验容器，流量计等。图 8.1 是试验系统原理与装置设计图。

试验装置原理：吸排气阀检测装置的基本原理是通过空压机增压和调流阀调节，将空气充入被试吸排气阀所在的管路，测量出管路流量即为被试阀的进气量/排气量，阀前的压力即为被试阀的进气/排气压差。吸排气阀检测装置测量阀门的进气性能时，将被试阀安装在进气试验罐内，通过空压机将空气充入气体储罐，然后通过多个支路的一级调压和流量计管路的二级调压，在被试阀前建立所需的试验压差，并测量其流量即为被试阀的进气量。吸排气阀检测装置测量吸排气阀的排气性能时，将吸排气阀安装在对应的排气测量管路出口，通过空压机将空气充入气体储罐，后通过多个支路的一级调压和流量计管路的二级调压，在被试阀前建立所需的试验压差，并测量其流量即为被试阀的排气量。图 8.3 和 8.4 是试验系统的实物图。

图 8.3　试验系统初级与二级调压

图8.4 试验系统现场总览

8.1.2 试验操作流程

8.1.2.1 试验前准备

检查系统管路情况，确定各个阀门的状态，打开各个压力表前仪表阀，查看各压力表是否在0位（若罐内有压力，需待压缩机出口压力升至相应的压力后再开启对应的储罐进气阀，详见压缩机使用说明书）。根据被试阀规格及排量确定试验用的管路，如下例：进行DN100 PN10高速排气阀排量试验，查询其理论排量小于5000Nm^3/h，推荐使用2个储气罐和DN100或DN80测试管路。以选择1＃、2＃储气罐和DN100测试管路为例，操作步骤为：

（1）检查并确认室内管路中所有电动阀电动执行机构均置于“本地”位置。

（2）检查并确认储气罐、集气罐、试验罐、DN300试验管路、进气试验罐内未充压（大气压）。

（3）安装被试阀。

（4）DN100测试管路安装压力传感器；检查各压力表、压力传感器、流量计的量程、精度、检定有效期等是否符合试验要求。

（5）将集气罐泄放阀、DN100流量计前阀、DN100试验管路阀、试验罐泄放阀（均为电动阀）电动执行机构置于“远程”位置。

（6）先连通所有气动阀动力气源，检查各气动阀状态，再给控制柜通电，检查控制柜各显示表是否正常（原因见第七章安全注意事项）。

（7）开启：1＃/2＃储气罐进气阀、集气罐前1＃/2＃储气罐DN150旁通蝶阀（手动）、集气罐前1＃/2＃储气罐DN150旁通调节阀、DN100流量计后阀（气动）、DN100试验管路阀（电动）、试验罐泄放阀（手动）、试验罐电磁泄放阀、试验罐电磁排污阀、DN300试验管泄放阀（手动）、DN300试验管电磁泄放阀、DN300试验管电磁排污阀。

（8）关闭：3＃/4＃/5＃/6＃储气罐进气阀、1＃/2＃储气罐排气阀（电动）、1＃/2＃储气罐排污阀（手动）、集气罐排污阀（手动）、DN25/DN50/DN80/DN100/DN200流量计前阀（电动）、DN300流量计前阀（气动）、DN25/DN50/DN80/DN200试验管路阀（电动）。

（9）开启压缩机及后处理设备，向1＃/2＃储气罐充压至0.2MPa后关闭压缩机，检查系统各连接部位、各阀门等设备和仪表是否有泄漏（若有泄漏，先将系统内压力完全排空，再进行检修）。检验完毕后开启压缩机继续向1＃/2＃储气罐充压至1.0MPa（压力每升高0.5MPa，停机稳定5分钟，并检查系统各连接部位、各阀门等设备和仪表是否有泄漏）后关闭压缩机；充压期间系统控制柜处至少有一名操作人员，实时监控系统压力、温度等参数；（压缩机的操作详见压缩机使用说明书）。

（10）打开测试软件，进入操作界面，录入试验管路及被试阀信息。

（11）再次确认系统各个阀门的开关状态及操作软件界面的信息录入是否正确。

8.1.2.2　试验流程

（1）关闭集气罐前1＃/2＃储气罐DN150旁通调节阀（控制柜对应的按钮为集气罐前DN150调节阀、集气罐前调节阀1＃）、DN100试验罐前调节阀。

（2）开启集气罐泄放阀，将集气罐压力泄放至0.3MPa。

（3）开启“DN100流量计前阀”。

（4）在测试软件界面中点击“开始试验”和“开始采集”按钮。

（5）缓慢开启“流量计前调节阀DN100”，并实时观察测试软件界面中“ΔP”数值，通过控制柜面板上的“流量计前调节阀DN100”旋钮控制DN100流量计前调节阀的开度，进而控制被试阀前压力（“ΔP”）由0逐渐增大至35kPa，稳定一段时间后再逐渐增大至70kPa；通过控制柜面板上的“集气罐前DN150调节阀”旋钮和“集气罐前调节阀1＃”旋钮分别控制1＃/2＃储气罐DN150旁通调节阀的开度，进而控制集气罐压力稳定在设定值（0.3MPa）。集气罐前旁通调节阀可手动控制也可自动控制。

此时应注意：在此过程中，被试阀可能会突然发生气堵，当出现气堵现象时，被试阀前管路压力会迅速增高至与集气罐压力相当，所以在进行低压阀门测试时，集气罐压力严禁高于被试阀的公称压力（目的是防止被试阀发生气堵时，阀前压力过高而损坏被试阀）。

（6）逐渐关闭“流量计前调节阀 DN100”，并实时观察测试软件界面中“ΔP”数值，通过“流量计前调节阀 DN100”旋钮控制 DN100 流量计前调节阀的开度，进而控制被试阀前压力（“ΔP”）由 70kPa 逐渐降低至 35kPa，稳定一段时间后再逐渐降低至 0kPa。

（7）停止采集，停止试验。

8.1.2.3　试验结果处理

图 8.5 吸排气阀外特性试验结果示例，具体试验结果处理过程为：

（1）在测试软件界面中，选择“ΔP”曲线，找到 35kPa \ 70kPa 点，右键选择游标数据入表（可根据需要选择曲线上的任意点将其数据导入报告中）。

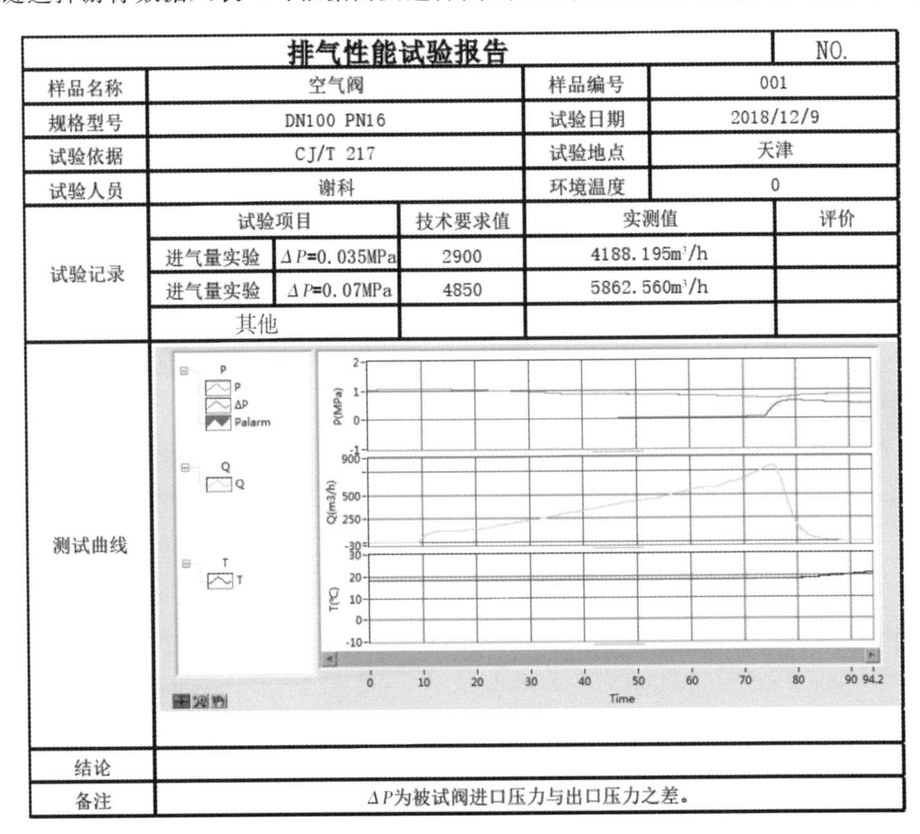

排气性能试验报告					NO.
样品名称	空气阀		样品编号	001	
规格型号	DN100 PN16		试验日期	2018/12/9	
试验依据	CJ/T 217		试验地点	天津	
试验人员	谢科		环境温度	0	
试验记录	试验项目		技术要求值	实测值	评价
	进气量实验	ΔP=0.035MPa	2900	4188.195m³/h	
	进气量实验	ΔP=0.07MPa	4850	5862.560m³/h	
	其他				
测试曲线					
结论					
备注	ΔP为被试阀进口压力与出口压力之差。				

图 8.5　吸排气阀外特性试验结果示例

（2）在测试软件界面中点击“生成报表”按钮，系统自动生成报告。

（3）结束试验，开启试验罐电磁泄放阀、试验罐电磁排污阀、集气罐泄放阀、1＃/2＃储气罐排气阀（电动），将系统压力完全放空后，开启1＃/2＃储气罐排污阀（手动），将室内所有电动阀门执行机构置于“本地”。

（4）确认被试阀前管路压力完全泄放后，拆下被试阀。

（5）切断控制柜电源，切断调节阀气源；结束试验。上述以DN100 PN10高速排气阀排量试验为例叙述了整个试验过程，其他阀门的试验流程类似，应当注意DN300为单独的测试管路，试验前应正确选择相应的仪表。

8.2 吸排气阀外特性试验结果

复合式吸排气阀外特性试验包括有50～300的6种型号，分别是：50FGP-D-4X-10Q、250FGP-D-4X-16Q、DN100、DN150、DN200和DN300。试验主要测试吸排气阀在不同空气闭阀压差下的排气量，其中ΔP为被试阀进口压力与出口压力之差，以下分别是各型号复合式吸排气阀的实验结果：

（1）50FGP-D-4X-10Q复合式吸排气阀

表8.1 50FGP-D-4X-10Q复合式吸排气阀实验结果

试验组次	空气闭阀压差	实测排气量
1	ΔP=10.090kPa	660.835m^3/h
2	ΔP=19.944kPa	983.504m^3/h
3	ΔP=29.994kPa	1212.397m^3/h
4	ΔP=34.896kPa	1316.853m^3/h
5	ΔP=39.899kPa	1418.003m^3/h
6	ΔP=50.019kPa	1605.701m^3/h
7	ΔP=60.029kPa	1779.806m^3/h
8	ΔP=69.862kPa	1942.163m^3/h
9	ΔP=79.866kPa	2083.782m^3/h
10	ΔP=90.066kPa	2212.325m^3/h
11	ΔP=99.974kPa	2343.635m^3/h
12	ΔP=129.467kPa	2697.244m^3/h

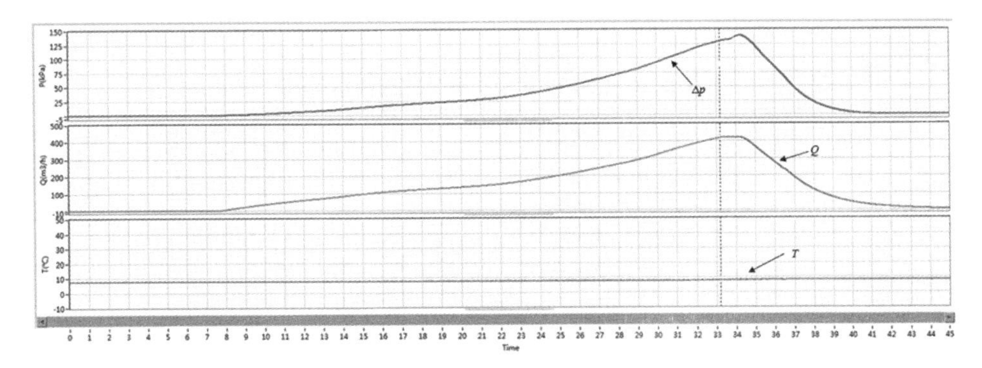

图 8.6　50FGP-D-4X-10Q 复合式吸排气阀实验结果曲线

（2）5250FGP-D-4X-16Q 复合式吸排气阀

表 8.2　5250FGP-D-4X-16Q 复合式吸排气阀实验结果

试验组次	空气闭阀压差	实测排气量
1	ΔP＝9.914kPa	82.245m^3/h
2	ΔP＝20.004kPa	2559.834m^3/h
3	ΔP＝30.014kPa	11549.133m^3/h
4	ΔP＝34.995kPa	17842.422m^3/h
5	ΔP＝39.996kPa	16212.400m^3/h
6	ΔP＝49.244kPa	18733.067m^3/h
7	ΔP＝60.112kPa	21284.587m^3/h
8	ΔP＝70.095kPa	29646.652m^3/h

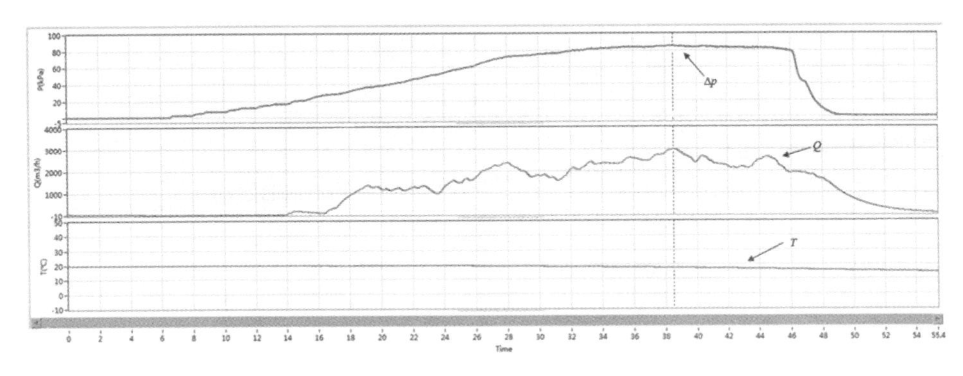

图 8.7　5250FGP-D-4X-16Q 复合式吸排气阀实验结果

（3）DN100 复合式吸排气阀

表 8.3　DN100 复合式吸排气阀实验结果

试验组次	空气闭阀压差	实测排气量
1	ΔP=5.011kPa	1266.779m^3/h
2	ΔP=10.079kPa	1833.834m^3/h
3	ΔP=15.765kPa	2374.539m^3/h
4	ΔP=20.413kPa	2684.745m^3/h
5	ΔP=35.265kPa	3646.584m^3/h
6	ΔP=44.897kPa	4004.226m^3/h
7	ΔP=55.012kPa	4677.183m^3/h
8	ΔP=69.906kPa	5483.213m^3/h
9	ΔP=89.311kPa	6273.307m^3/h
10	ΔP=125.164kPa	7997.477m^3/h

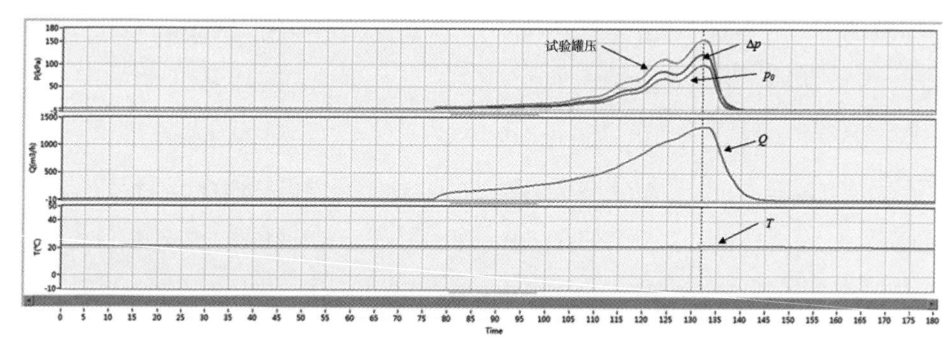

图 8.8　DN100 复合式吸排气阀实验结果曲线

（4）DN150 复合式吸排气阀

表 8.4　DN150 复合式吸排气阀实验结果

试验组次	空气闭阀压差	实测排气量
1	ΔP=10.058kPa	4848.830m^3/h
2	ΔP=20.306kPa	7257.089m^3/h
3	ΔP=30.031kPa	9049.940m^3/h
4	ΔP=29.862kPa	8767.279m^3/h
5	ΔP=35.311kPa	9680.831m^3/h

续表

试验组次	空气闭阀压差	实测排气量
6	ΔP＝34.671kPa	9581.875m³/h
7	ΔP＝40.198kPa	10465.182m³/h
8	ΔP＝50.078kPa	11541.549m³/h
9	ΔP＝59.518kPa	10826.119m³/h
10	ΔP＝70.072kPa	12010.319m³/h
11	ΔP＝80.029kPa	13477.346m³/h
12	ΔP＝90.671kPa	14856.486m³/h
13	ΔP＝112.191kPa	17429.916m³/h

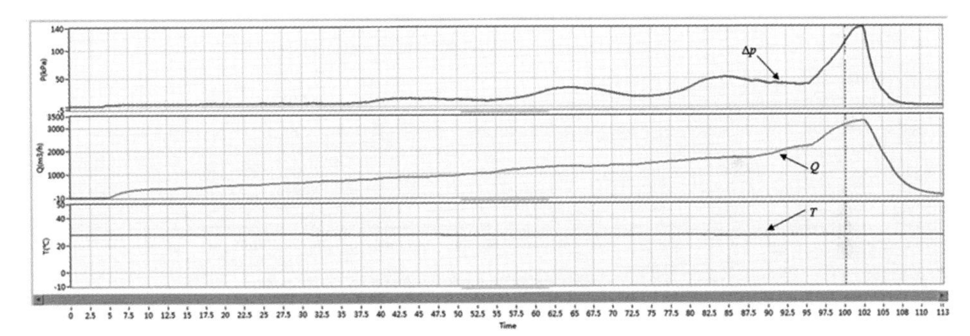

图 8.9　DN150 复合式吸排气阀实验结果曲线

（5）DN200 复合式吸排气阀

表 8.5　DN200 复合式吸排气阀实验结果

试验组次	空气闭阀压差	实测排气量
1	ΔP＝4.815kPa	2998.715m³/h
2	ΔP＝10.389kPa	7507.237m³/h
3	ΔP＝20.614kPa	11125.266m³/h
4	ΔP＝30.091kPa	14323.784m³/h
5	ΔP＝35.004kPa	16128.662m³/h
6	ΔP＝39.946kPa	16866.614m³/h
7	ΔP＝49.617kPa	19408.697m³/h

续表

试验组次	空气闭阀压差	实测排气量
8	ΔP=60.160kPa	20105.866m^3/h
9	ΔP=70.016kPa	22286.075m^3/h
10	ΔP=70.494kPa	22435.813m^3/h
11	ΔP=80.390kPa	26930.767m^3/h
12	ΔP=90.752kPa	27586.720m^3/h
13	ΔP=99.972kPa	28560.801m^3/h
14	ΔP=106.322kPa	32223.878m^3/h

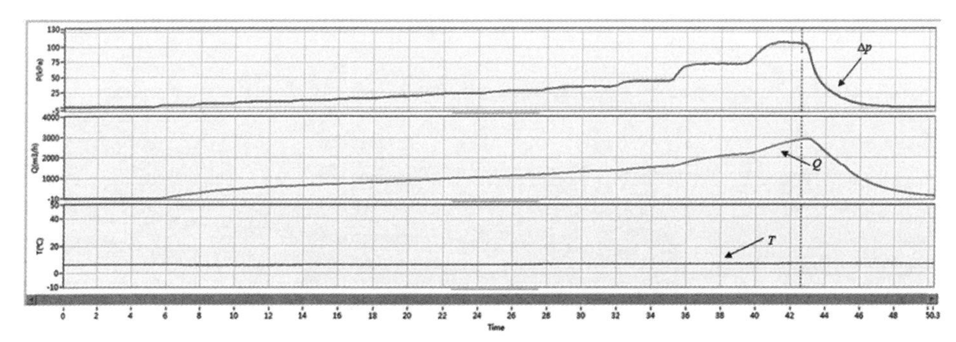

图 8.10　DN200 复合式吸排气阀实验结果曲线

（6）DN300 复合式吸排气阀

表 8.6　DN300 复合式吸排气阀

试验组次	空气闭阀压差	实测排气量
1	ΔP=10.763kPa	1940.429m^3/h
2	ΔP=14.904kPa	9516.429m^3/h
3	ΔP=20.005kPa	12912.367m^3/h
4	ΔP=25.266kPa	13788.092m^3/h
5	ΔP=30.366kPa	12821.101m^3/h
6	ΔP=35.028kPa	14940.883m^3/h
7	ΔP=44.010kPa	24877.083m^3/h
8	ΔP=43.479kPa	26625.542m^3/h

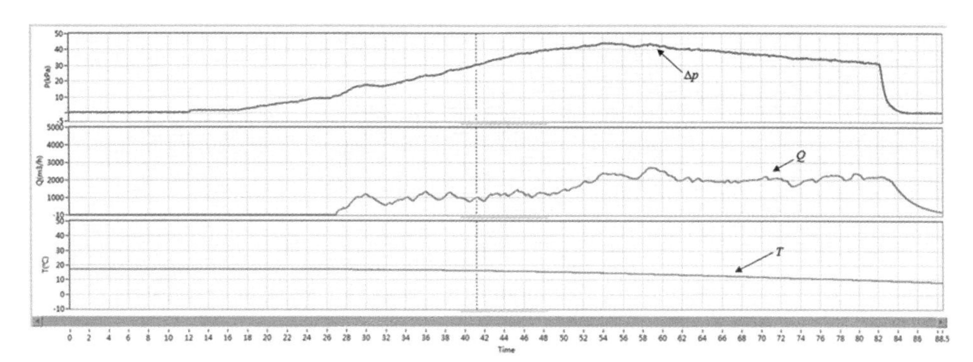

图 8.11　DN300 复合式吸排气阀实验结果曲线

（7）DN100 复合式吸排气阀进气实验结果

表 8.7　DN100 复合式吸排气阀进气实验

试验组次	压差	实测进气量
1	ΔP＝5.032kPa	1056.699m^2/h
2	ΔP＝10.070kPa	1266.868m^2/h
3	ΔP＝20.176kPa	1916.995m^2/h
4	ΔP＝30.110kPa	2387.155m^2/h
5	ΔP＝34.946kPa	2596.385m^2/h
6	ΔP＝39.808kPa	2797.925m^2/h
7	ΔP＝50.273kPa	3221.064m^2/h
8	ΔP＝60.346kPa	3609.514m^2/h
9	ΔP＝70.243kPa	3951.055m^2/h

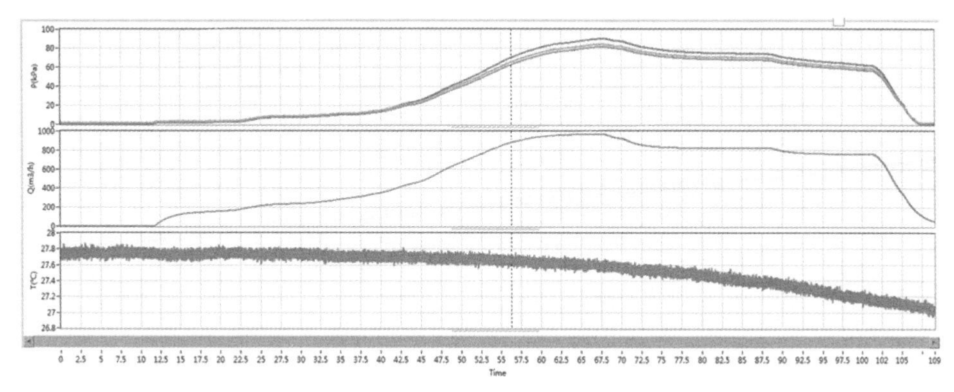

图 8.12　DN100 复合式吸排气阀进气实验结果曲线

8.3 本章小结

本章重点介绍了吸排气阀的外特性试验，详细说明吸排气阀外特性试验的系统、原理、流程与结果，试验项目包括：1）排气性能实试验；2）进气性能试验；3）空气闭阀试验。内容以此详细介绍了吸排气阀外特性试验的系统装置、操作流程和结果分析；在结果中展示了6组不同型号吸排气阀在不同闭阀压差下的实测排气量。本章内容重点在于介绍吸排气阀的外特性试验设备与方法，可为设备研发提供详细参考。

第9章　吸排气阀在泵能供水管路中的应用分析

9.1　吸排气阀水锤防护控制Ⅰ

以某二级泵能输水系统分析吸排气阀在泵能供水管路中的控制。

9.1.1　一级泵站系统管线

一级泵站系统的基本情况：

一级给水加压泵房设3泵3管（泵管均为2用1备），管路规格为：φ630×12，螺旋缝埋弧焊钢管，一级加压管线长约为8.5km。泵型号：DKS2000－130×3，$Q=2000\mathrm{m^3/h}$，$H=390\mathrm{m}$，$n=1480\mathrm{r/min}$，转子转动惯量$492\mathrm{kg/m^2}$。

水锤波速、水锤相的计算：

根据管道设计参数及输送介质，利用水锤分析软件计算水锤波速如下（管径DN600壁厚暂选12mm）：

水锤波速计算公式：$a=\sqrt{\dfrac{K}{\rho}}\times\dfrac{1}{\sqrt{1+\dfrac{KD}{Ee}}}=1196\mathrm{m/s}$

因为此工况水锤波是从管线末端开始反射，故：

水锤波速：$a=1196\mathrm{m/s}$；

故水锤相：$u=2\times L/a=2\times8163/1196=13.6\mathrm{s}$。

9.1.1.1　事故停泵不设防护措施下水锤状态分析

在不设防护措施下，进行事故停泵的水锤状态模拟计算分析；模拟分析主要包含水锤包络线、水泵转速和管内流量的结果。

1）水锤包络线

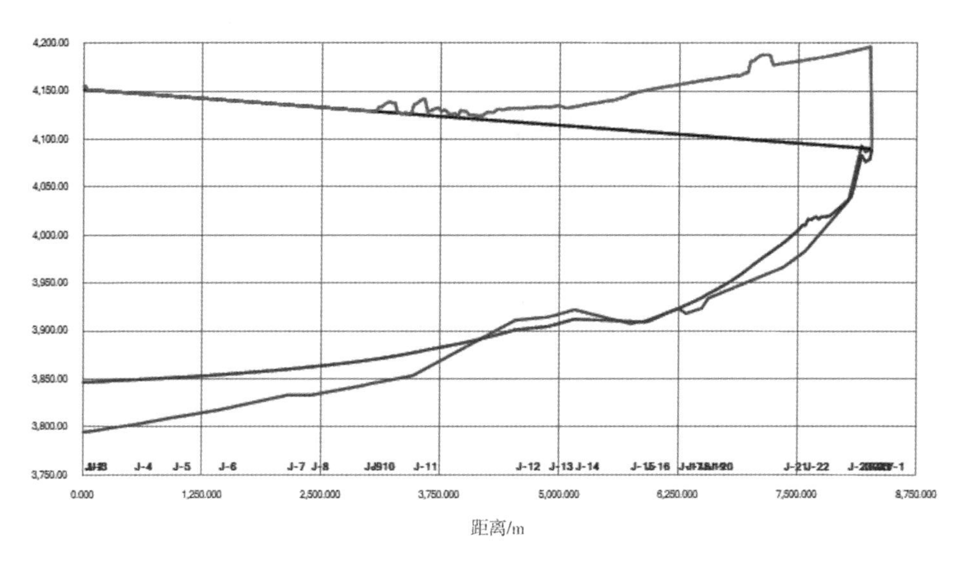

图 9.1　水锤包络线计算结果

2）水泵转速

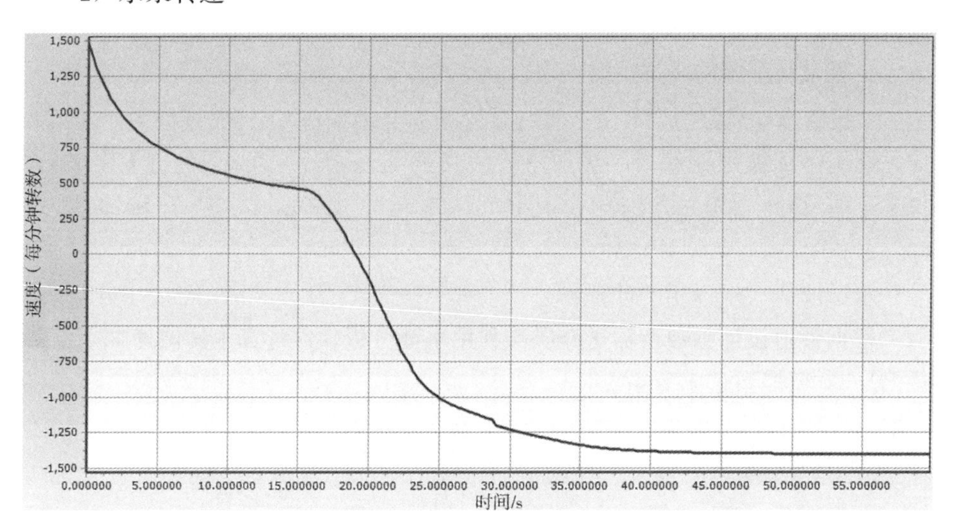

图 9.2　水泵转速结果

3）管内流量

状态结果分析：

高压包络线较平稳，峰值不高，在管道安全值内；低压包络线中部 5000m 附近有较长一段负压，且负值大，约达－10m；停泵 10s 管内开始倒流且倒流量大，28s 达最大值 2550m³/h，12s 时水泵开始反转，反转速度大，44s 达最大值 1380r/min。负压、倒流量、反转速对泵站设备及管线会造成严重损害。

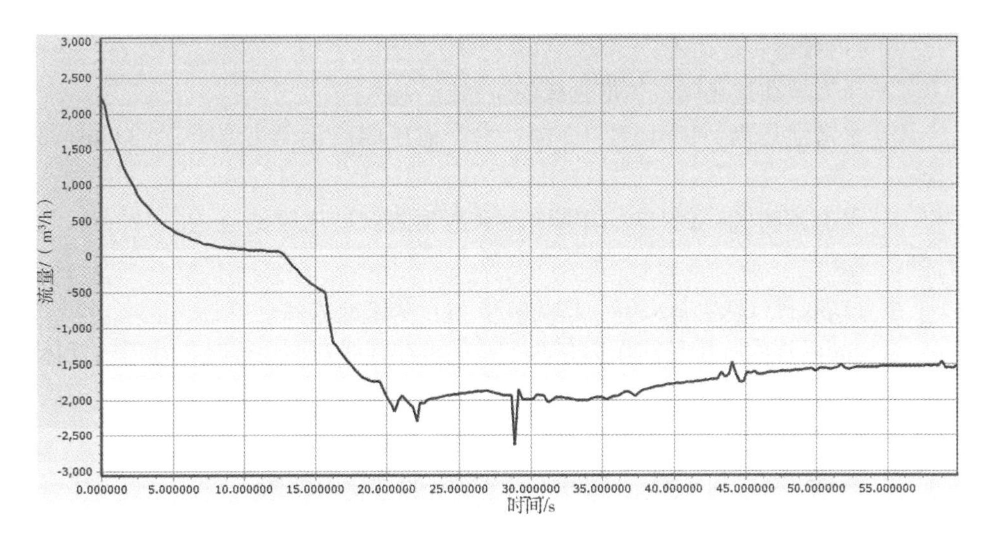

图9.3　管内流量计算结果

9.1.1.2　设置防护措施的效果分析

由以上计算分析可知，应当采取防护措施来保证泵站设备及管线安全。

防护设备：

1）水击预防阀

系统在正常压力工况下为常关型阀门，当水泵事故停电时，水击预防阀的导阀感应到最早的压降后快速开启。开启时间0.5s左右，当系统压力恢复到设定值以上时，缓慢关闭，可以防止由于阀门关闭速度不当而产生二次压力波动。

2）水击泄放阀

水击泄放阀上腔采用冲高压氮气的措施，系统在正常压力工况下为常关型阀门，当水泵事故停泵时，返回的高压水锤波超过氮气压力值时，阀门在0.5s内迅速开启，泄放高压。

3）组合式吸排气阀（带防水锤功能）

组合式吸排气阀同时具备高压自动微量排气，低压快速排气和负压快速进气三种功能。同时，对于沿线管道容易发生水锤的点，可以额外增加水锤防护模块，从而有效地对管道进行保护。

组合式吸排气阀不仅可以提高管道系统的运行效率，而且在整个系统发生的各个工况都能发挥出重要的作用，是整个水锤防护系统的核心部分。

4）多功能水泵控制阀（两阶段关闭功能）

DN600，PN64，每台泵后安装1台，关阀规律设置：5s，90%；15s，10%。

泵房内设置防护措施：

1）压力波动预止阀（每根管线各1台）；

2）水击泄压阀：DN150，PN64，水击泄压阀高压设定值 $P1=395m$；3台泵站安装；

3）水击预防阀：DN150，PN64，水击预防阀低压设定值 $P2=280m$；3台泵站安装；

组合式吸排气阀：DN150，PN64，3台，泵站安装。

泵控阀后端的吸排气阀作用有两个：一是在管线初次运行时，管道内气体的大量排出；二是泵站内瞬间失电时，泵后管道出现负压状况时，该吸排气阀可以快速吸气，破坏真空的产生。

4）多功能水泵控制阀：DN600，PN64，每台泵后安装1台，关阀规律设置：5s，90%；15s，10%。

在管道沿线：输水主管上应设置吸排气阀来满足水锤防护和管道高效运行的要求。吸排气阀布置见表9.1。

表9.1 一级泵站及管道吸排气阀布置

节点	长度	高程	数量	规格
k0+936.189	936.2m	3809.729	一台	组合式吸排气阀，DN150，PN64。
k1+468.589	1468.6m	3818.465	一台	组合式吸排气阀，DN150，PN64。
k2+142.678	2142.69m	3833.055	一台	组合式吸排气阀，DN150，PN64。
k2+951.039	2951.05m	3843.388	一台	组合式吸排气阀，DN150，PN64。
k3+463.342	3463.35m	3853.456	一台	组合式吸排气阀，DN150，PN64。
k4+536.050	4536.06m	3911.183	一台	组合式吸排气阀，DN150，PN64。
k5+155.232	5155.24m	3922.358	一台	组合式吸排气阀，DN150，PN64。
k6+252.727	6252.74m	3923.422	一台	组合式吸排气阀，DN150，PN64。
k6+561.674	6561.69m	3934.208	一台	组合式吸排气阀，DN150，PN64。
k7+474.265	7474.29m	3976.035	一台	组合式吸排气阀，DN150，PN64。
k7+673.449	7673.48m	3990.167	一台	组合式吸排气阀，DN150，PN64。
k8+163.269	8163.3m	4093.177	一台	组合式吸排气阀，DN150，PN64。

吸排气阀总数量24台：组合式吸排气阀，DN150，PN64。

进行对应工况与阀门布置下（关阀5s 90%+15s 10%+吸排气阀+水击

泄压阀＋水击预防压阀）的水锤状态模拟计算分析；模拟分析主要包含水锤包络线、水泵转速和管内流量的结果。

1）水锤包络线

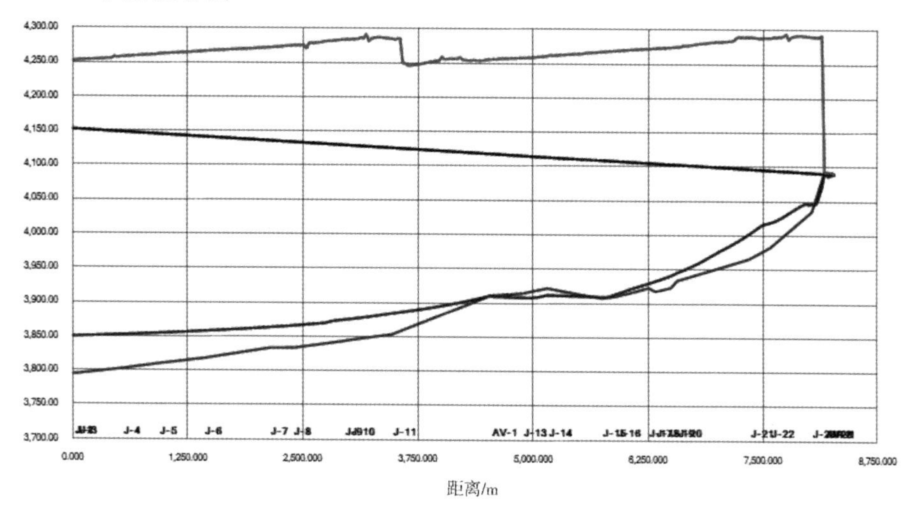

图9.4　水锤包络线计算结果

2）水泵转速

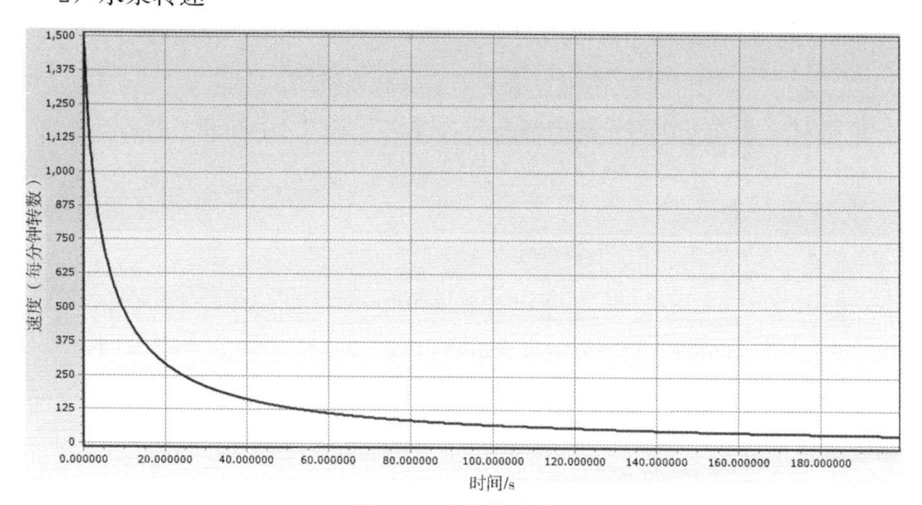

图9.5　水泵转速结果

3）管内流量

防护效果分析：

高压包络线较平稳，峰值不高，在管道安全值内；低压包络线中部5000m附近有一段负压，且负值大，约达－10m；水泵无反转。负压对管线运行会有一些不利。

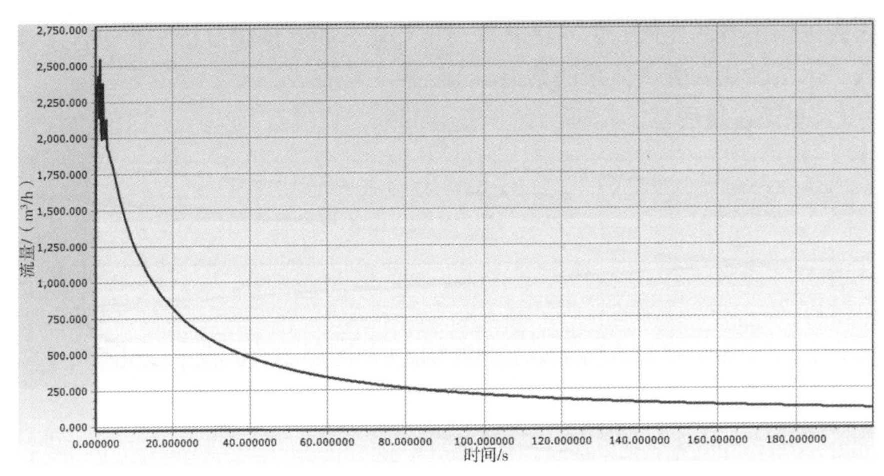

图 9.6　管内流量计算结果

9.1.2　二级泵站系统管线

二级泵站系统管线的基本情况：

二级给水加压泵房设 3 泵 2 管（泵为 2 用 1 备）。管路规格为：φ630 * 12 螺旋缝埋弧焊钢管。泵型号：DKS2000－130×3，Q＝2000m³/h，H＝390m，n＝1480r/min，转子转动惯量 492kg/m²。

9.1.2.1　事故停泵不设防护措施下水锤状态分析

进行对应布置下，不设防护措施的水锤状态模拟计算分析；模拟分析主要包含水锤包络线、水泵转速和管内流量的结果。

1）水锤包络线

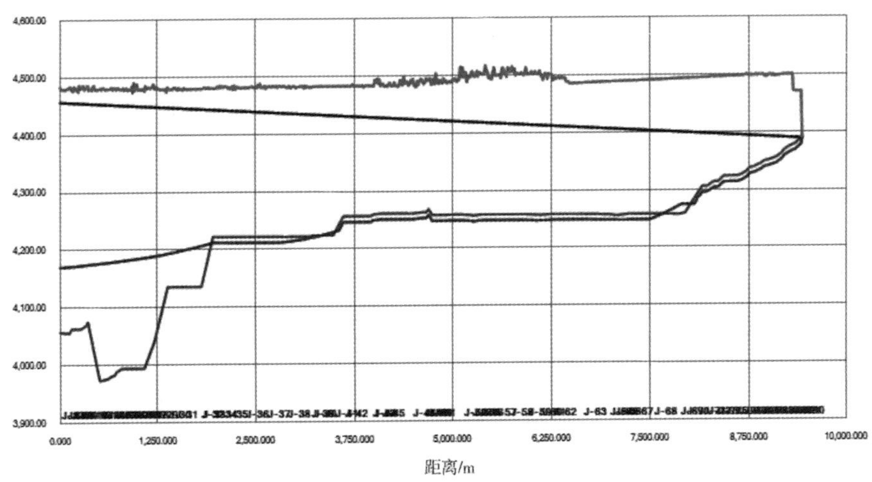

图 9.7　水锤包络线计算结果

2）管内流量

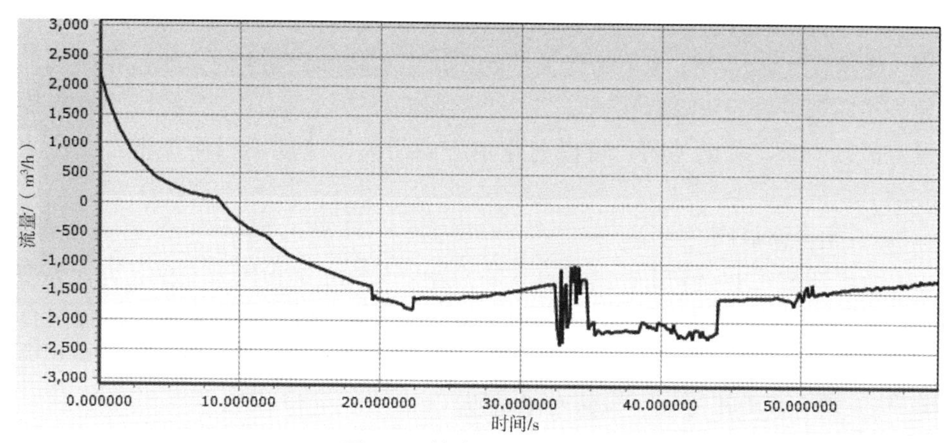

图 9.8　管内流量计算结果

3）水泵转速

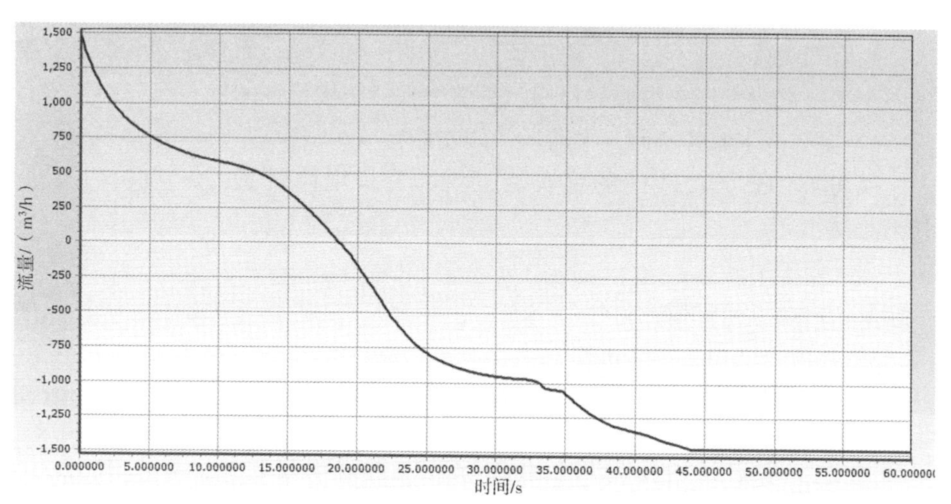

图 9.9　水泵转速结果

状态分析：

高压包络线较平稳，峰值不高，在管道安全值内；低压包络线自 2380m 开始到管线末端大部分存在负压，且负值大，多段管段约达－10m；停泵 9s 管内开始倒流且倒流量大，33s 大达最大值 $2400m^3/h$，13s 水泵开始反转，水泵反转速度大，44s 达最大值 1400r/min。负压、倒流量、反转速对泵站设备及管线会造成严重损害。

9.1.2.2 设置防护措施的效果分析

由以上计算分析可知，应当采取防护措施来保证泵站设备及管线安全。

一、防护设备

1）水击预防阀

系统在正常压力工况下为常关型阀门，当水泵事故停电时，水击预防阀的导阀感应到最早的压降后快速开启。开启时间 0.5s 左右，当系统压力恢复到设定值以上时，缓慢关闭，可以防止由于阀门关闭速度不当而产生二次压力波动。

2）水击泄放阀

水击泄放阀上腔采用冲高压氮气的措施，系统在正常压力工况下为常关型阀门，当水泵事故停泵时，返回的高压水锤波超过氮气压力值时，阀门在 0.5s 内迅速开启，泄放高压。

3）组合式吸排气阀（带防水锤功能）

组合式吸排气阀同时具备高压自动微量排气，低压快速排气和负压快速进气三种功能。同时，对于沿线管道容易发生水锤的点，可以额外增加水锤防护模块，从而有效地对管道进行保护。

组合式吸排气阀不仅可以提高管道系统的运行效率，而且在整个系统发生的各个工况都能发挥出重要的作用，是整个水锤防护系统的核心部分。

4）多功能水泵控制阀（两阶段关闭功能）

DN600，PN64，每台泵后安装 1 台，关阀规律设置：5s，90%；15s，10%。

二、防护措施

泵房内设置防护措施：

1）压力波动预止阀（每根管线各 1 台）

2）水击泄压阀：DN150，PN64，水击泄压阀高压设定值 $P1$＝395m；2 台泵站安装；

3）水击预防阀：DN150，PN64，水击预防阀低压设定值 $P2$＝280m；2 台泵站安装；

4）组合式吸排气阀：DN150，PN64，3 台。泵控阀后端的吸排气阀作用有两个：一是在管线初次运行时，管道内气体的大量排出；二是泵站内瞬间失电时，泵后管道出现负压状况时，该吸排气阀可以快速吸气，破坏真空的产生。

5）多功能水泵控制阀：DN600，PN64，每台泵后安装 1 台，关阀规律设置：5s，90%；15s，10%。

在管道沿线：输水主管上应设置吸排气阀来满足水锤防护和管道高效运行的要求。吸排气阀布置见表 9.2。

表 9.2　二级泵站及管道吸排气阀布置

节点	高程	数量	规格
PQ12	4074.31	一台	组合式吸排气阀，DN150，PN64。
PQ31	4135.6	一台	组合式吸排气阀，DN150，PN64。
PQ43	4221.9	一台	组合式吸排气阀，DN150，PN64。
PQ72	4223.39	一台	合式吸排气阀，DN150，PN64。
PQ79	4256.47	一台	组合式吸排气阀，DN150，PN64。
PQ99	4267.77	一台	组合式吸排气阀，DN150，PN64。
PQ119	4257.81	一台	组合式吸排气阀，DN150，PN64。
PQ134	4258.22	一台	组合式吸排气阀，DN150，PN64。
PQ153	4258.37	一台	组合式吸排气阀，DN150，PN64。
PQ169	4313.61	一台	组合式吸排气阀，DN150，PN64。
PQ183	4349.48	一台	组合式吸排气阀，DN150，PN64。

吸排气阀总数量 24 台。

进行对应工况与阀门布置下（关阀 5s 90%+15s 10%+吸排气阀+水击泄压阀+水击预防压阀）的水锤状态模拟计算分析，模拟分析主要针对水锤包络线结果。

水锤包络线

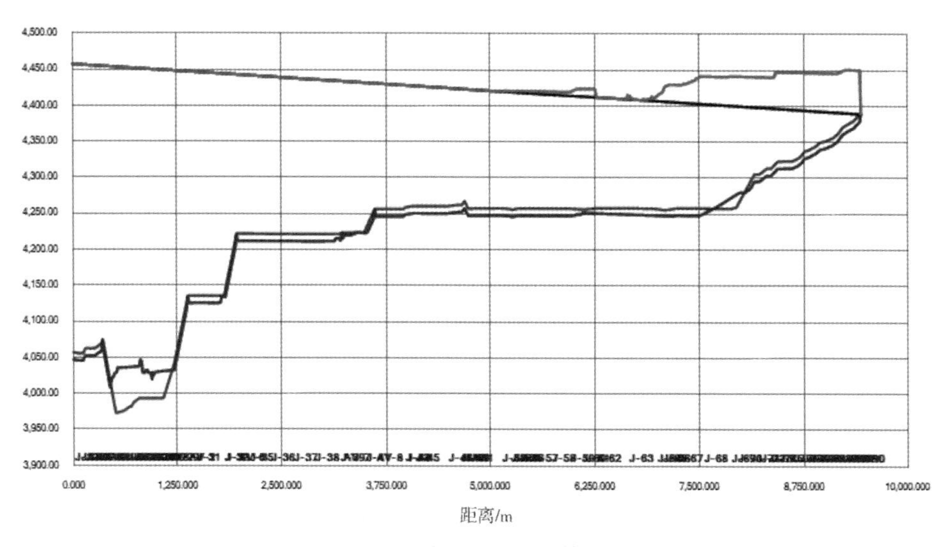

图 9.10　水锤包络线计算结果

防护效果分析：

高压包络线较平稳，峰值不高，在管道安全值内；低压包络线中除前部低凹段外全程有负压，且负值大，约达－10m。负压对管线运行会有一些不利。

9.2 吸排气阀水锤防护控制Ⅱ

9.2.1 一级泵站系统管线

该工程供水规模为4000m^3/h。水泵2用1备，单台水泵型号及水泵参数：单台水泵设计流量Q=1600～2000～2400m^3/h，单台水泵设计扬程H=426～390～351m，转速均为1480转/分钟，水泵效率82.2%～84.8%～82.7%。采用自灌式吸水，停泵水位3794.575m，最高水位3797.2m，水泵标高3795.5m、止回阀处标高3795.5m、止回阀采用多功能水力控制阀，口径为DN600，流量系数Kv值为5294.2，止回阀处设计流速为：1.97m/s，止回阀处静高差294.5m，吸水管为DN600钢管，末端高位水池采取池顶进水，池顶标高4090m。末端设置调流阀，阀门开度为70%，输水管采用3根DN600焊接钢管，壁厚12mm，其海森-威廉系数取120，主管设计流速为1.97m/s，主输水管线总长8272m。水锤分析按单泵单管考虑。

水锤波速、水锤相的计算：

根据管道设计参数及输送介质，利用水锤分析软件计算水锤波速如下（管径DN600壁厚暂选12mm）：

水锤波速计算公式：$a=\sqrt{\frac{k}{\rho}}\times\frac{1}{\sqrt{1+\frac{KD}{Ee}}}$=1196m/s

因为此工况水锤波是从管线末端开始反射，故：

水锤波速a=1196m/s，

故水锤相：$u=2\times L/a=2\times 8163/1196$=13.6s。

9.2.1.1 事故停泵不设防护措施下水锤状态分析

进行对应工况与阀门布置下的水锤状态模拟计算分析；模拟分析主要包含稳态水力坡度、水锤包络线、水泵转速和管内流量的结果。

1）稳态水力坡度

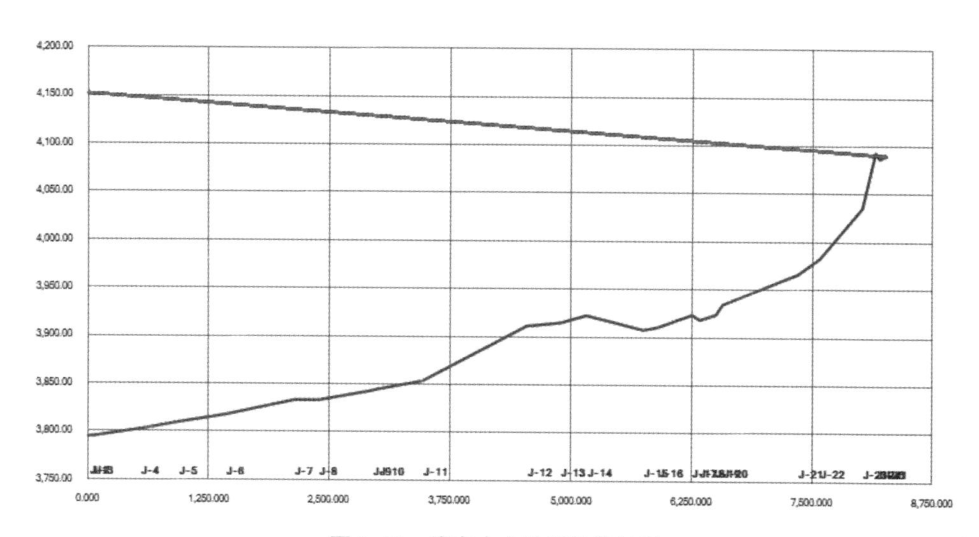

图 9.11　稳态水力坡度计算结果

2）水锤包络线

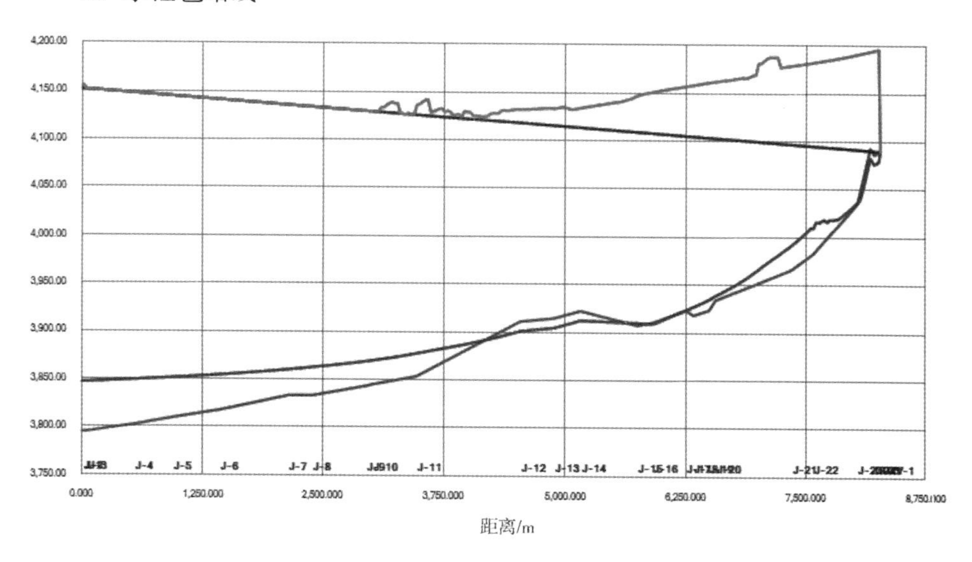

图 9.12　水锤包络线计算结果

3）管内流量

4）水泵转速

状态分析：

高压包络线较平稳，峰值不高，在管道安全值内；低压包络线中部 5000m 附近有较长一段负压，且负值大，约达－10m；停泵 16s 管内开始倒流且倒流量大，29s 大达最大值 2550m^3/h，20s 时水泵开始反转，反转速度大，40s 达最大值 1380r/min。负压、倒流量、反转速对泵站设备及管线会造成严重损害。

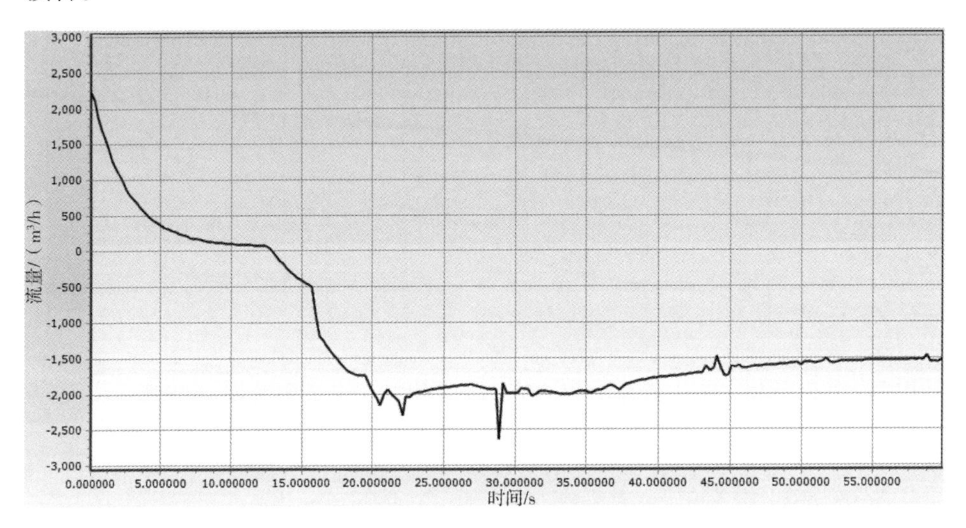

图 9.13 管内流量计算结果

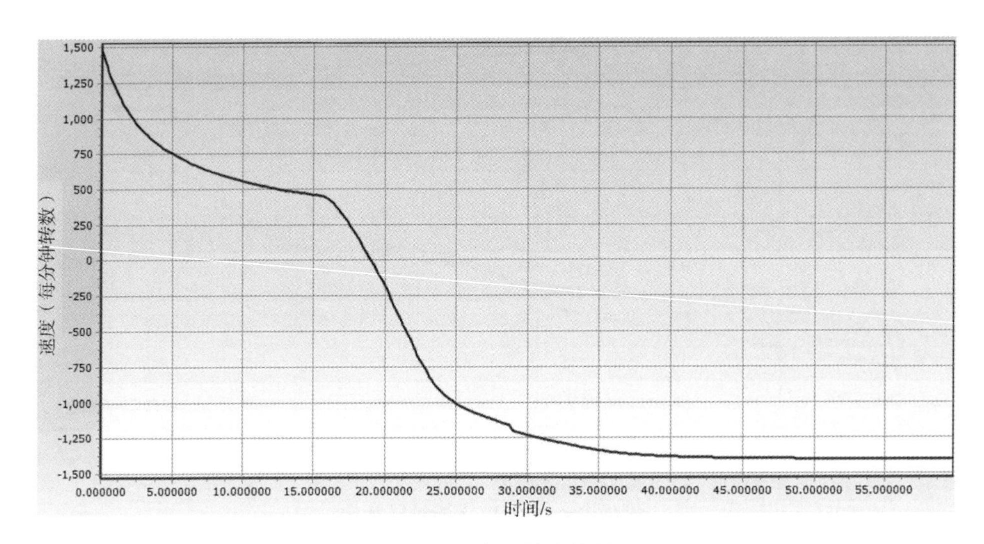

图 9.14 水泵转速结果

9.2.1.2 泵后设置多功能水泵控制阀的效果分析

多功能水泵控制阀（具有两阶段关闭功能止回阀），水泵后止回阀关阀规律地选择 6s 内快闭 95％＋15s 缓闭 5％。进行对应工况与阀门布置下的水锤状态模拟计算分析；模拟分析主要包含止回阀处压力脉动、水锤包络线、水泵转速和管内流量的结果。

1）水锤包络线

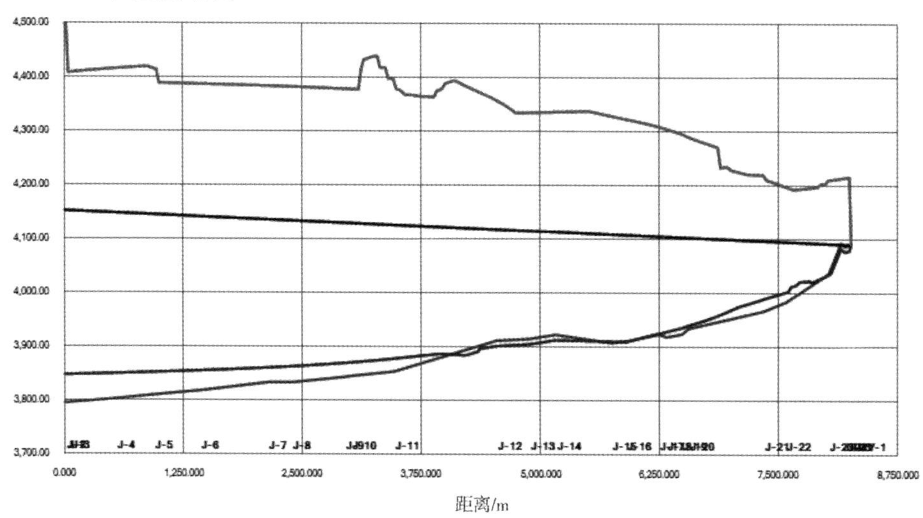

图 9.15　水锤包络线计算结果

2）水泵转速

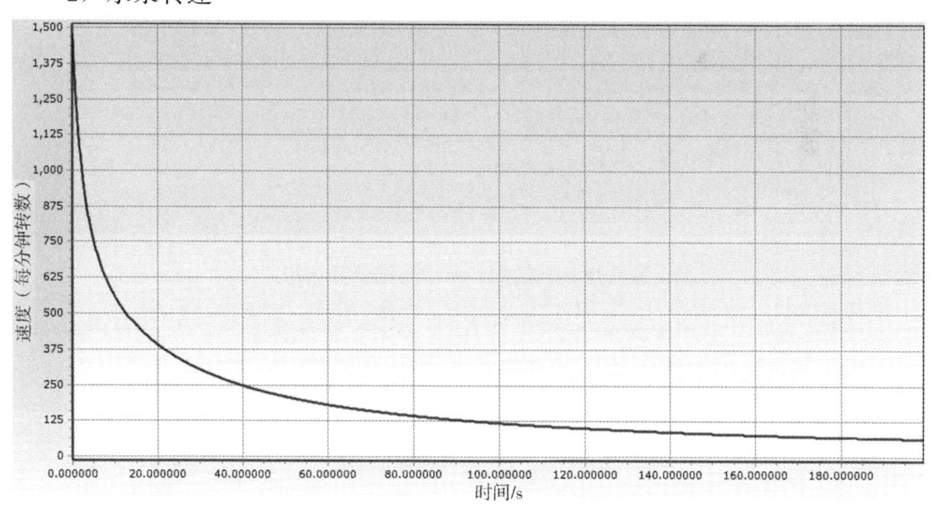

图 9.16　水泵转速结果

3）管内流量

4）止回阀处压力脉动

效果分析：

高压包络线起伏大，峰值高，最高压超出了管道安全值范围；低压包络线中部 5000m 附近有一段负压，且负值大，约－10m；水泵无反转；负压对泵站设备及管线运行会有一些不利。

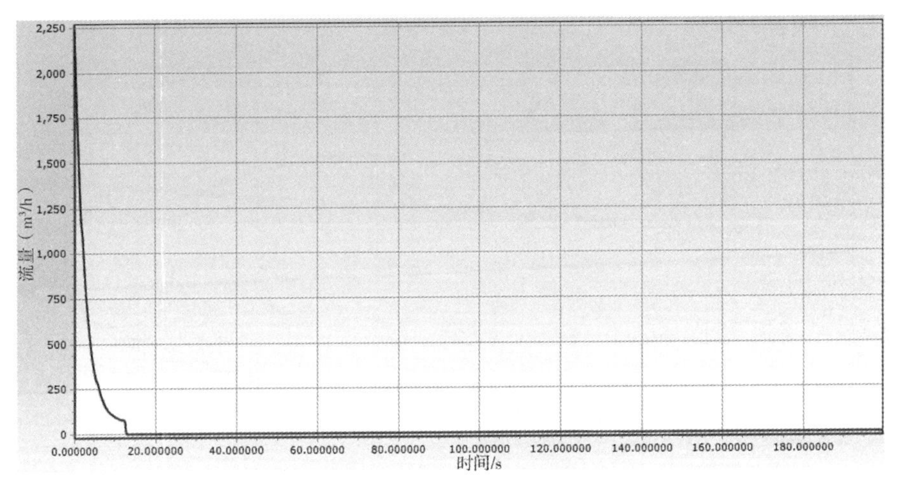

图 9.17 管内流量计算结果

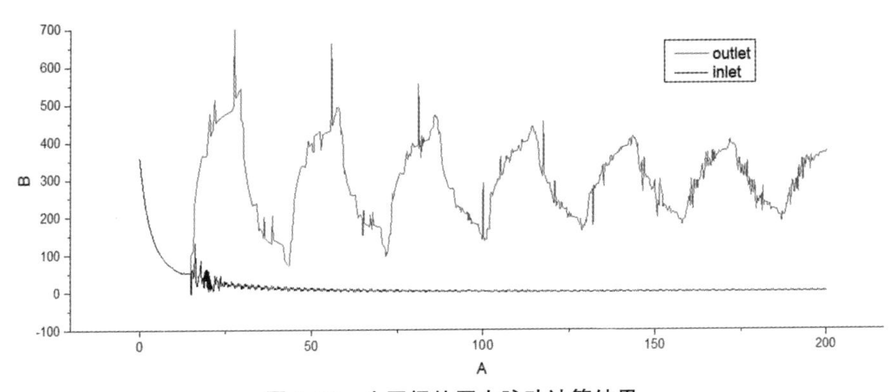

图 9.18 止回阀处压力脉动计算结果

9.2.1.3 加装水柱分离专用吸排气阀（防水锤型吸排气阀）的效果分析

多功能水泵控制阀+防水锤型吸排气阀，选用防水锤型吸排气阀 DN100，微量排气孔口 2.4mm，其高速吸气量、微量排气量见表 9.3 所示：

表 9.3 吸排气阀参数表

高速吸气数据						微量排气数据	
负压值	−6.9kPa	−13.8kPa	−20.7kPa	−27.6kPa	−34.5kPa	工作压力	69～2069kPa
DN100 吸气量/(l/s)	604	854	1048	1208	1355	最大排气量/(l/s)	13.5

吸排气阀设置如下：

A：在输水主管线节点分别安装 2 台 DN100（高速吸、排气口径 100mm，微量排气口径 2.4mm）的防水锤型吸排气阀（解决管线上断电时产生的断流弥合水锤)；

B：在输水主管线节点分别安装 7 台 DN100（高速吸、排气口径 100mm，微量排气口径 2.4mm）的防水锤复合式高速动力吸排气阀（用于第一次启泵充水的高速排气、检修放空时的高速吸气、正常运行时的微量排气）。

具体型号、参数及位置见表 9.2。

进行加装防水锤型吸排气阀后的水锤状态模拟计算分析；模拟分析主要包含水锤包络线、水泵转速和止回阀处压力脉动的结果；其中，水泵后止回阀关阀规律地选择 6s 内快闭 95％＋15s 缓闭 5％。

1）水锤包络线

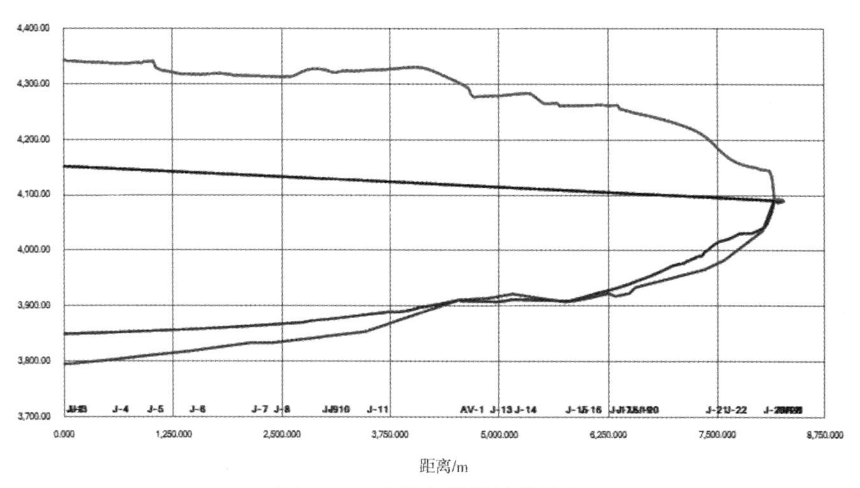

图 9.19　水锤包络线计算结果

2）水泵转速

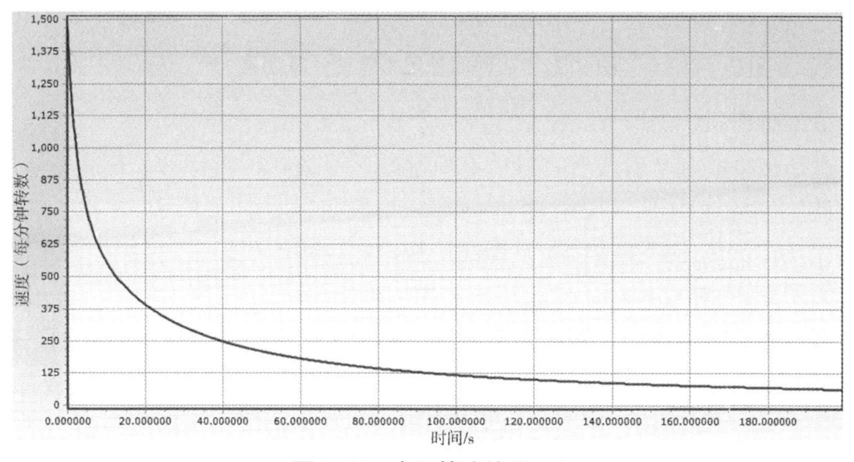

图 9.20　水泵转速结果一1

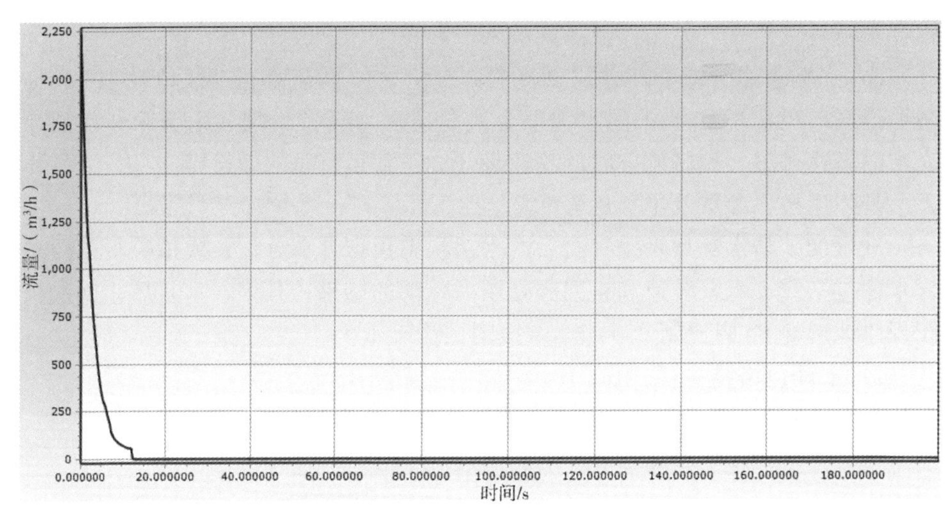

图 9.21　水泵转速结果一2

3）止回阀处压力脉动

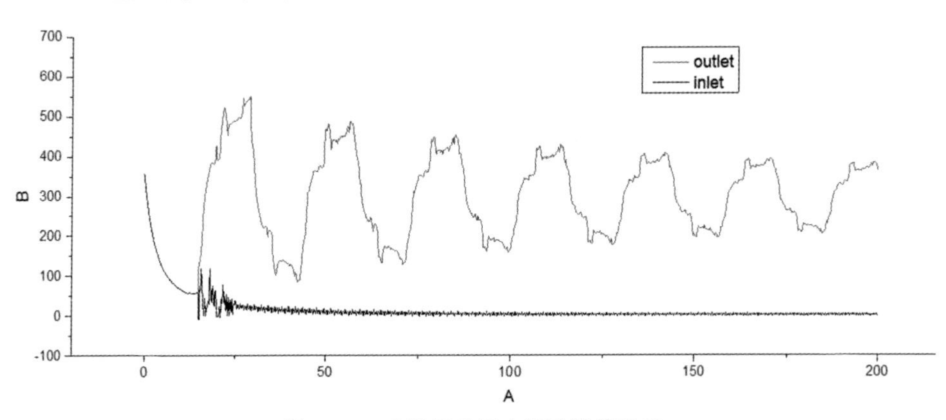

图 9.22　止回阀处压力脉动计算结果

效果分析：

高压包络线起伏有改善，峰值有所削减，但最高压仍超出了管道安全值范围；低压包络线中部 5000m 附近仍有一小段负压，且负值大，约达－10m；水泵无反转；负压对泵站设备及管线运行会有一些不利。

9.2.1.4　再增加水锤预防阀和泄放阀的效果分析

多功能水泵控制阀＋防水锤型吸排气阀＋水锤预防阀＋水锤泄放阀，在泵站单根 DN600 出水母管安装水锤防护设备一套：1 台 DN150 水击泄放阀＋1 台 DN150 水击预防阀，压力等级为 6.4MPa。具体型号、参数及位置见表 9.4 所示。

表 9.4　一级泵站及输水管线吸排气阀型号、参数及设置

<table>
<tr><th>序号</th><th>桩号</th><th>管中心标高/mm</th><th>吸气孔口口径/mm</th><th>排气孔口口径/mm</th><th>微量孔口口径/mm</th><th>压力等级</th><th>吸排气阀类型</th><th>吸排气阀规格</th></tr>
<tr><td>1</td><td>K0＋936.189</td><td>3809.729</td><td>100</td><td>100</td><td>2.4</td><td>PN64</td><td rowspan="3">防水锤复合式高速动力吸排气阀</td><td rowspan="3">高速吸、排气口径 100mm，微量排气口径 2.4mm。</td></tr>
<tr><td>2</td><td>K2＋142.678</td><td>3833.055</td><td>100</td><td>100</td><td>2.4</td><td>PN64</td></tr>
<tr><td>3</td><td>K3＋011.470</td><td>3844.957</td><td>100</td><td>100</td><td>2.4</td><td>PN64</td></tr>
<tr><td>4</td><td>K4＋536.050</td><td>3911.183</td><td>100</td><td>100</td><td>2.4</td><td>PN40</td><td>防水锤型吸排气阀</td><td>高速吸、排气口径 100mm，微量排气口径 2.4mm。</td></tr>
<tr><td>5</td><td>K5＋155.232</td><td>3922.358</td><td>100</td><td>100</td><td>2.4</td><td>PN40</td><td rowspan="4">防水锤复合式高速动力吸排气阀</td><td rowspan="4">高速吸、排气口径 100mm，微量排气口径 2.4mm。</td></tr>
<tr><td>6</td><td>K6＋252.727</td><td>3923.422</td><td>100</td><td>100</td><td>2.4</td><td>PN40</td></tr>
<tr><td>7</td><td>K6＋561.674</td><td>3934.208</td><td>100</td><td>100</td><td>2.4</td><td>PN40</td></tr>
<tr><td>8</td><td>K7＋573.895</td><td>3983.224</td><td>100</td><td>100</td><td>2.4</td><td>PN25</td></tr>
<tr><td>9</td><td>K8＋163.269</td><td>4093.177</td><td>100</td><td>100</td><td>2.4</td><td>PN25</td><td>防水锤型吸排气阀</td><td>高速吸、排气口径 100mm，微量排气口径 2.4mm。</td></tr>
</table>

泵站水击预防阀和泄放阀应靠近多功能水力控制阀后面安装，则设定压力分别为：

泵站水击预防阀低压设定值：Pset1＝0.4～0.6×工作压力＝180m，维持开启 10s；泵站水击预防阀高压设定值：Pset2＝385m；泵站水击泄放阀高压设定值：Pset3＝395m；

快关＋吸排气阀＋水击：水泵后止回阀关阀规律地选择仍按 6s 内快闭 95%＋15s 缓闭 5%，进行对应工况和阀门布置下的水锤状态模拟计算分析；模拟分析主要包含水锤包络线、水泵转速、管内流量和止回阀处压力脉动的结果。

1）水锤包络线

2）水泵转速

3）管内流量

4）止回阀处压力脉动

效果分析：

高压包络线起伏大有改善，峰值大为削减，最高压在管道安全值范围内；低压包络线中部 5000m 附近仍有一小段负压，且负值大，约达－10m；水泵无反转；负压对泵站设备及管线运行会有一些不利。

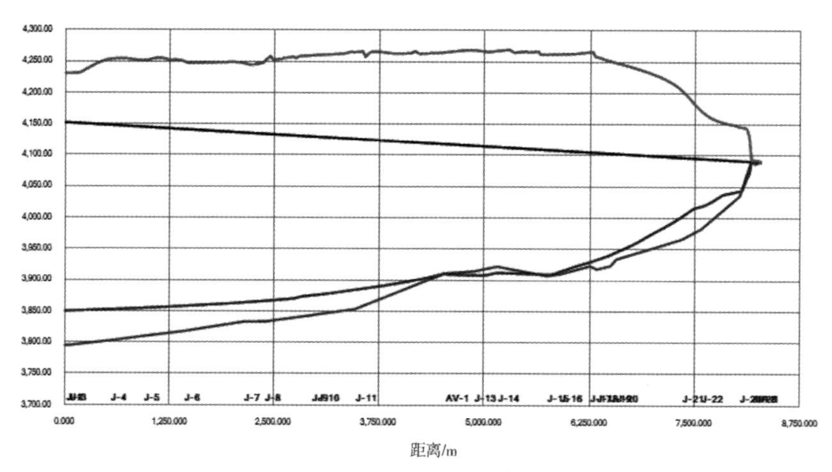

图 9.23　水锤包络线计算结果

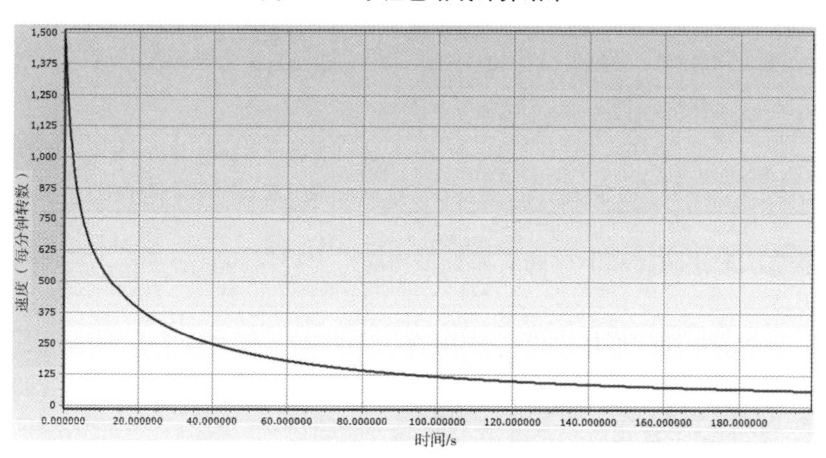

图 9.24　水泵转速结果

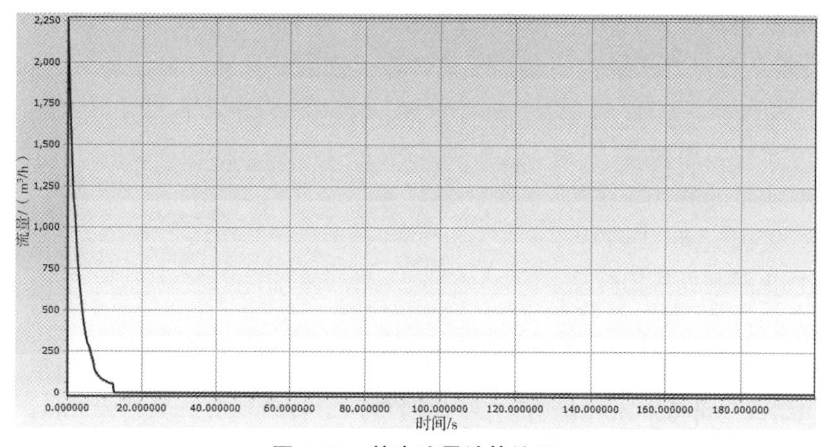

图 9.25　管内流量计算结果

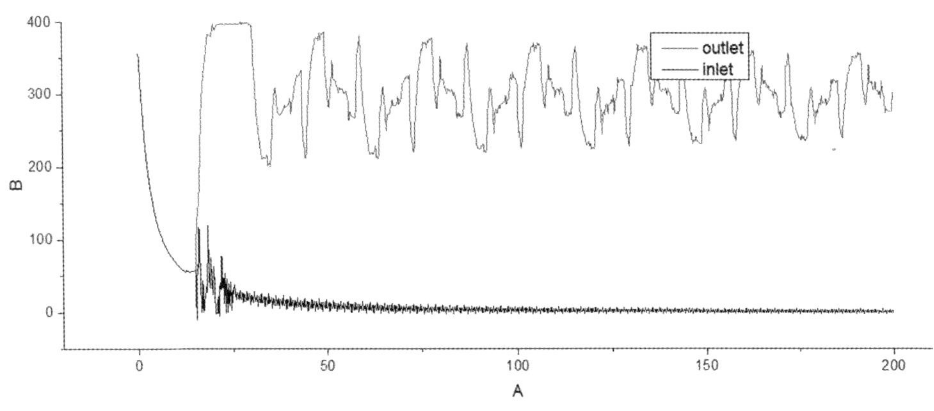

图 9.26　止回阀处压力脉动计算结果

9.2.2　二级泵站系统管线

该工程供水规模为 4000m³/h。水泵二用一备，单台水泵型号及水泵参数：单台水泵设计流量 Q=1600～2000～2400m³/h，单台水泵设计扬程 H=426～390～351m，转速均为 1480 转/分钟，水泵效率 82.2%～84.8%～82.7%。吸水池最低水位 4091.1m，最高水位 4093.7m，水泵标高 4090m、止回阀处标高 4090m、止回阀采用多功能水力控制阀，口径为 DN600，流量系数 Kv 值为 5294.2，止回阀处设计流速为：1.97m/s，止回阀处静高差 300m，吸水管为 DN600 钢管，末端高位水池采取池顶进水，池顶标高 4390m。输水管采用 2 根 DN600 钢管，壁厚 12mm，其海森-威廉系数取 120，主管设计流速为 1.97m/s，主输水管线总长 9432m。水锤分析瞬态按双泵双管考虑。

根据管道设计参数及输送介质，利用水锤分析软件计算水锤波速如下（管径 DN600 壁厚暂选 12mm）：

水锤波速计算公式：$a=\sqrt{\dfrac{K}{\rho}}\times\dfrac{1}{\sqrt{1+\dfrac{KD}{Ee}}}=1196\text{m/s}$

因为此工况水锤波是从管线末端开始反射，故：

水锤波速 a=1196m/s，

故水锤相：$u=2\times L/a=2\times 9432/1196=15.8\text{s}$。

9.2.2.1　事故停泵不设防护措施下水锤状态分析

进行事故停泵且不设防护措施下的水锤状态模拟计算分析；模拟分析主要包含稳态水力坡度、水锤包络线、水泵转速、管内流量和止回阀处压力脉动的结果。

1）稳态水力坡度

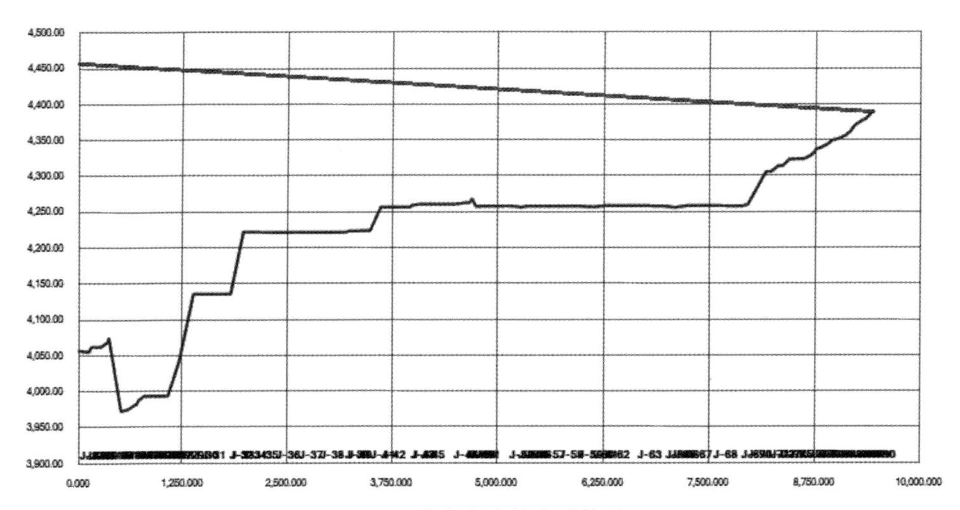

图 9. 27　稳态水力坡度计算结果

2）水锤包络线

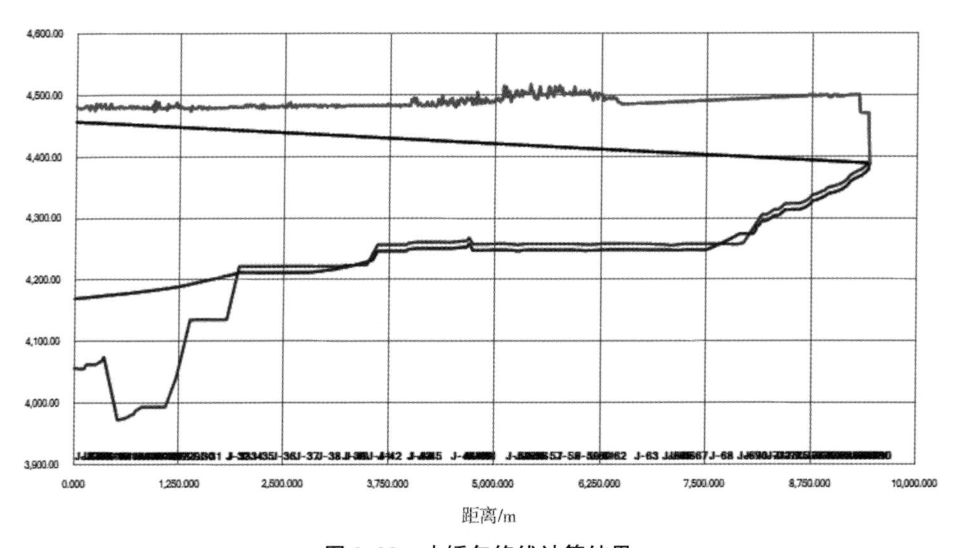

图 9. 28　水锤包络线计算结果

3）水泵处压力

4）管内流量

5）水泵转速

状态分析：

高压包络线较平稳，峰值高，超出了管道安全值；低压包络线自 1380m

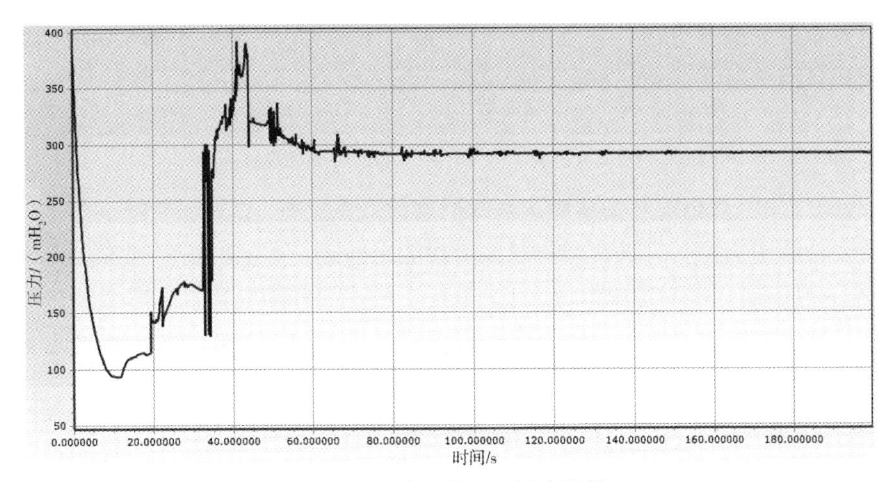

图 9.29　水泵处压力计算结果

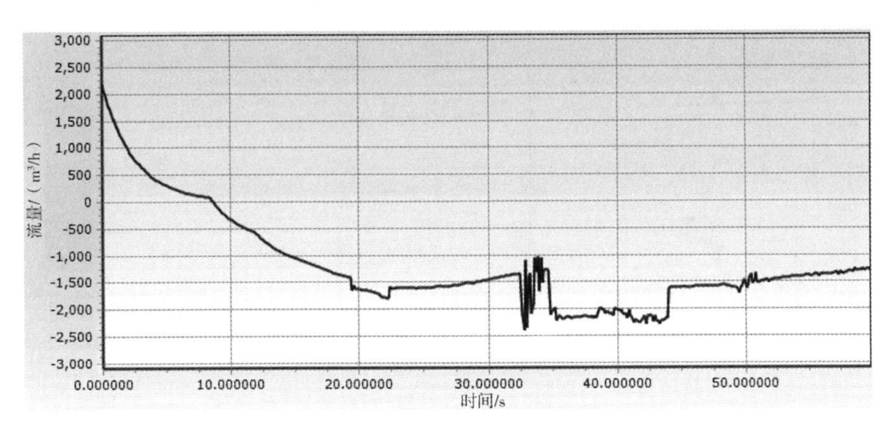

图 9.30　管内流量计算结果

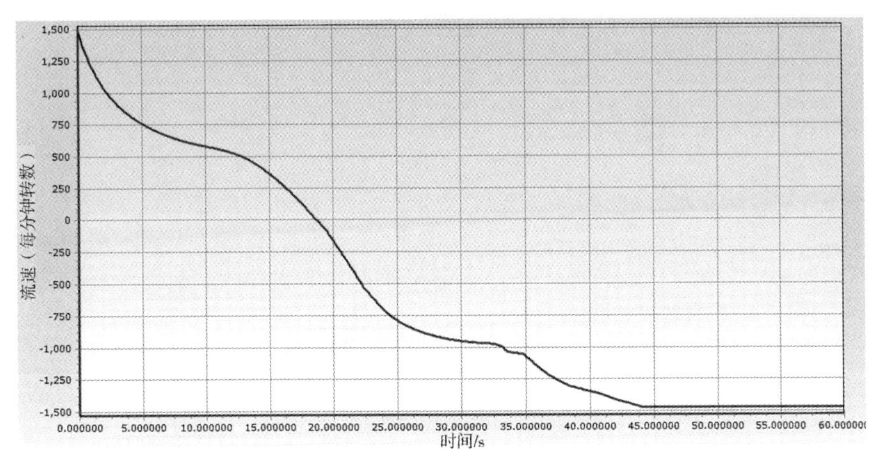

图 9.31　水泵转速结果

开始到管道末端有负压，且负值大，大部分管段约达－10m；停泵 9s 管内开始倒流且倒流量大，33s 达最大值 2480m^3/h，18s 时水泵开始反转，反转速度大，43s 达最大值 1480r/min。负压、倒流量、反转速对泵站设备及管线会造成严重损害。

9.2.2.2　泵后设置多功能水泵控制阀的效果分析

多功能水泵控制阀具有两阶段关闭功能止回阀，水泵后止回阀关阀规律的选择 5s 内快闭 95％＋15s 缓闭 5％。进行对应工况和阀门布置下的水锤状态模拟计算分析；模拟分析主要包含水锤包络线、水泵转速、管内流量和止回阀处压力脉动的结果。

1）水锤包络线

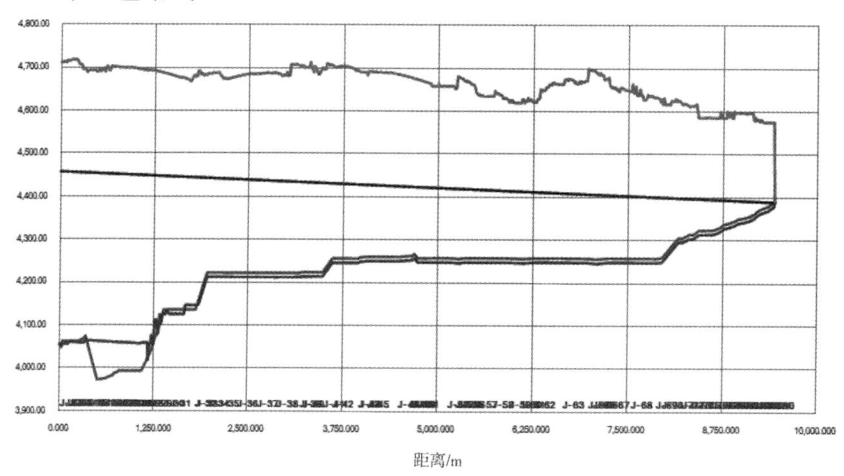

图 9.32　水锤包络线计算结果

2）水泵转速

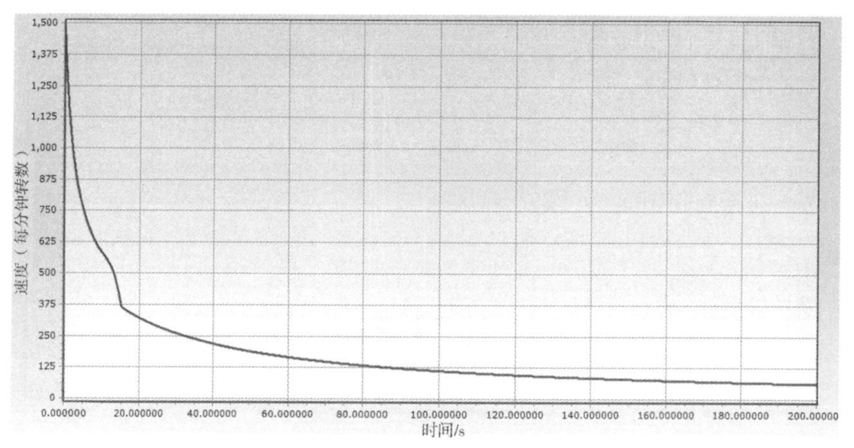

图 9.33　水泵转速结果

3）管内流量

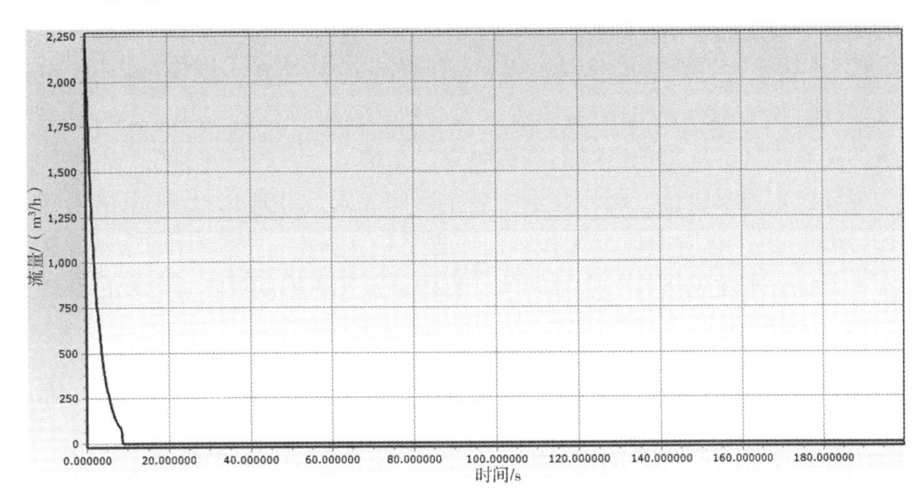

图 9.34　管内流量计算结果

4）止回阀处压力脉动

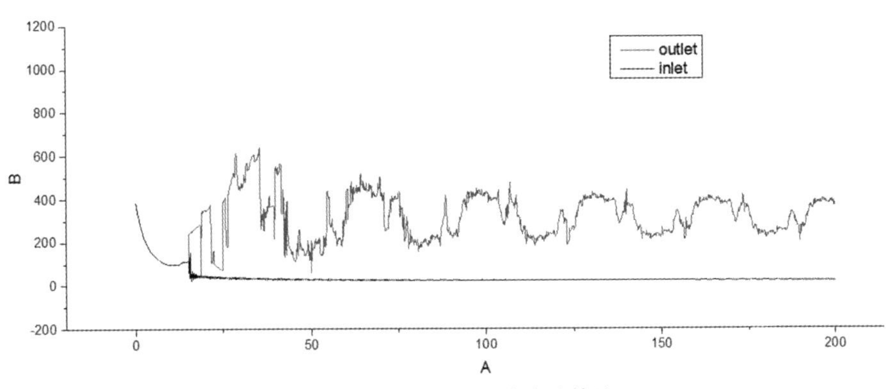

图 9.35　止回阀处压力脉动计算结果

效果分析：

高压包络线起伏大，峰值高，最高压超出了管道安全值范围；低压包络线自 1380m 开始到管道末端有负压，且负值大，大部分管段约达－10m；水泵无反转。负压对泵站设备及管线运行会有一些不利。

9.2.2.3　加装水柱分离专用吸排气阀——防水锤型吸排气阀的效果分析

多功能水泵控制阀＋防水锤型吸排气阀，选用防水锤型吸排气阀 DN100，微量排气孔口 2.4mm，其高速吸气量、微量排气量见表 9.3：

吸排气阀设置如下：

A：在输水主管线节点分别安装 5 台 DN100（高速吸、排气口径 100mm，微量排气口径 2.4mm）的防水锤型吸排气阀（解决管线上断电时产生的断流弥合水锤）；

B：在输水主管线节点分别安装 8 台 DN100（高速吸、排气口径 100mm，微量排气口径 2.4mm）的防水锤复合式高速动力吸排气阀（用于第一次启泵充水的高速排气、检修放空时的高速吸气、正常运行时的微量排气）。

加装防水锤型吸排气阀后，水泵后止回阀关阀规律地选择 5s 内快闭 95%＋15s 缓闭 5%。进行对应工况和阀门布置下的水锤状态模拟计算分析；模拟分析主要包含水锤包络线、水泵转速、管内流量和止回阀处压力脉动的结果。

1）水锤包络线

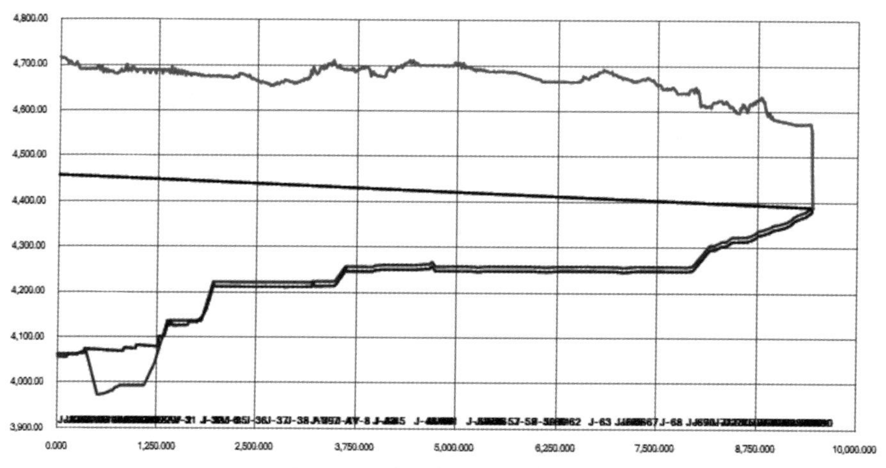

图 9.36　水锤包络线计算结果

2）水泵转速

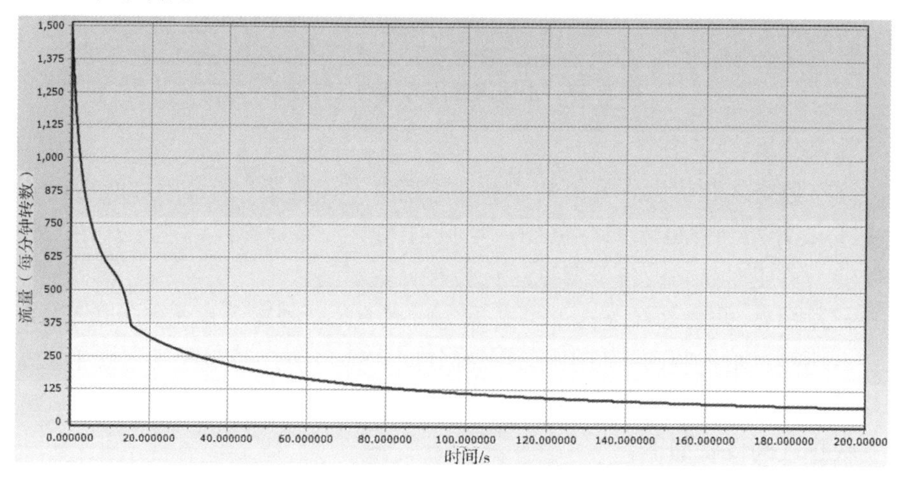

图 9.37　水泵转速结果

3）管内流量

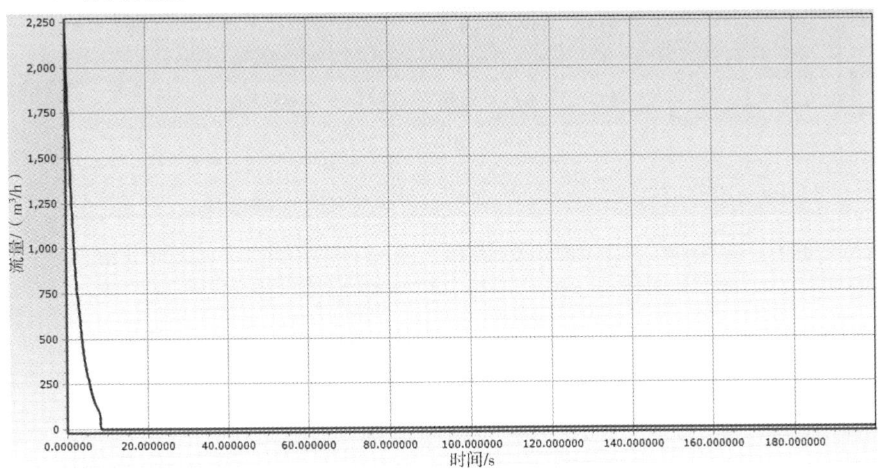

图 9.38　管内流量计算结果

4）止回阀处压力脉动

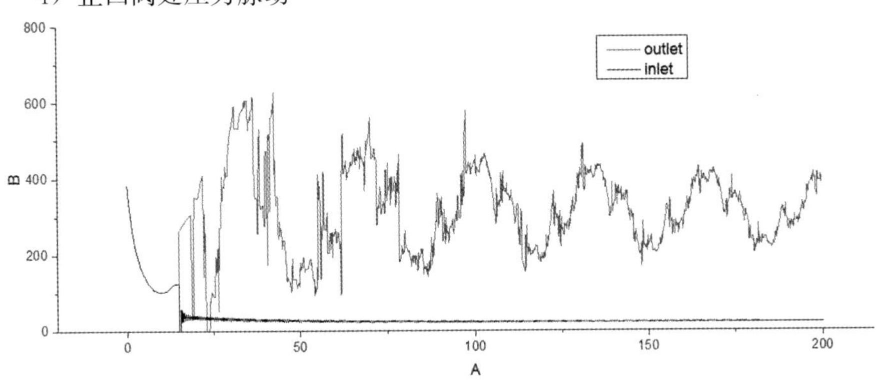

图 9.39　止回阀处压力脉动计算结果

效果分析：

高压包络线起伏较大没有得到有效改善，峰值高，最高压超出了管道安全值范围；低压包络线自 1380m 开始到管道末端有负压，且负值大，大部分管段约达－10m；水泵无反转；负压对泵站设备及管线运行会有一些不利。

9.2.2.4　再增加水锤预防阀和泄放阀的效果分析

多功能水泵控制阀＋防水锤型吸排气阀＋水锤预防阀＋水锤泄放阀，在泵站单根 DN600 出水母管安装水锤防护设备一套：1 台 B 品牌 DN150 水击泄放阀＋1 台 DN150 水击预防阀，在管线低洼点 PN15 处设置 1 台 DN150 水击泄放阀，压力等级为 6.4MPa。

具体位置见表 9.5。

表 9.5　二级泵站及输水管线吸排气阀型号、参数、位置

<table>
<tr><th>序号</th><th>桩号</th><th>管中心标高/mm</th><th>吸气孔口口径/mm</th><th>排气孔口口径/mm</th><th>微量孔口口径/mm</th><th>压力等级</th><th>吸排气阀类型</th><th>吸排气阀规格</th></tr>
<tr><td>1</td><td>PQ12</td><td>4074.31</td><td>100</td><td>100</td><td>2.4</td><td>PN64</td><td rowspan="2">防水锤型吸排气阀</td><td rowspan="2">高速吸、排气口径100mm，微量排气口径2.4mm。</td></tr>
<tr><td>2</td><td>J30</td><td>4135.35</td><td>100</td><td>100</td><td>2.4</td><td>PN64</td></tr>
<tr><td>3</td><td>J40</td><td>4221.99</td><td>100</td><td>100</td><td>2.4</td><td>PN40</td><td rowspan="3">防水锤型吸排气阀</td><td rowspan="3">高速吸、排气口径100mm，微量排气口径2.4mm。</td></tr>
<tr><td>4</td><td>PQ72</td><td>4223.39</td><td>100</td><td>100</td><td>2.4</td><td>PN40</td></tr>
<tr><td>5</td><td>PQ79</td><td>4256.47</td><td>100</td><td>100</td><td>2.4</td><td>PN40</td></tr>
<tr><td>6</td><td>PQ99</td><td>4267.77</td><td>100</td><td>100</td><td>2.4</td><td>PN40</td><td rowspan="8">防水锤复合式高速动力吸排气阀</td><td rowspan="8">高速吸、排气口径100mm，微量排气口径2.4mm。</td></tr>
<tr><td>7</td><td>PQ119</td><td>4257.81</td><td>100</td><td>100</td><td>2.4</td><td>PN40</td></tr>
<tr><td>8</td><td>PQ134</td><td>4258.22</td><td>100</td><td>100</td><td>2.4</td><td>PN40</td></tr>
<tr><td>9</td><td>PQ153</td><td>4258.37</td><td>100</td><td>100</td><td>2.4</td><td>PN40</td></tr>
<tr><td>10</td><td>P166</td><td>4305.51</td><td>100</td><td>100</td><td>2.4</td><td>PN40</td></tr>
<tr><td>11</td><td>P171</td><td>4323.27</td><td>100</td><td>100</td><td>2.4</td><td>PN25</td></tr>
<tr><td>12</td><td>PQ183</td><td>4349.48</td><td>100</td><td>100</td><td>2.4</td><td>PN25</td></tr>
<tr><td>13</td><td>P187</td><td>4369.55</td><td>100</td><td>100</td><td>2.4</td><td>PN25</td></tr>
</table>

泵站水击预防阀和泄放阀应靠近多功能阀后面安装，则设定压力分别为：

泵站水击预防阀低压设定值：Pset1＝0.4～0.6×工作压力＝190m，维持开启10s；

泵站水击预防阀高压设定值：Pset2＝400m；

泵站水击泄放阀高压设定值：Pset3＝410m；

管线最低洼点水击泄放阀高压设定值：Pset4＝500m；

水泵后止回阀关阀规律的选择仍按5s内快闭95%＋15s缓闭5%。进行对应工况和阀门布置下的水锤状态模拟计算分析；模拟分析主要包含水锤包络线、水泵转速、管内流量和止回阀处压力脉动的结果。

1）水锤包络线

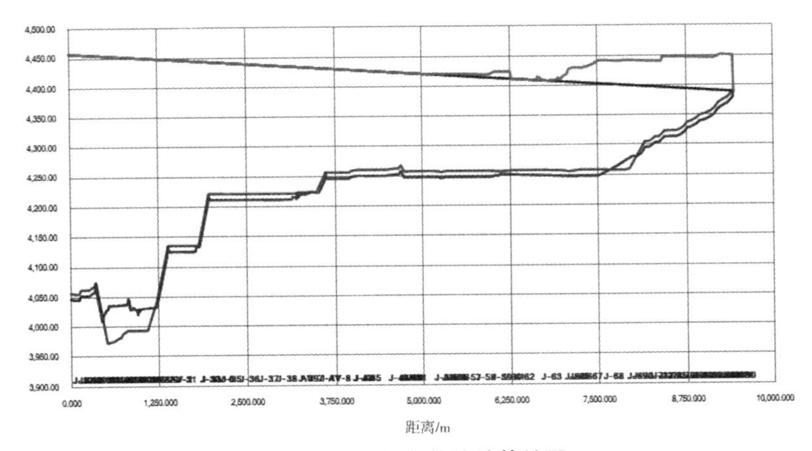

图 9.40　水锤包络线计算结果

2）水泵转速

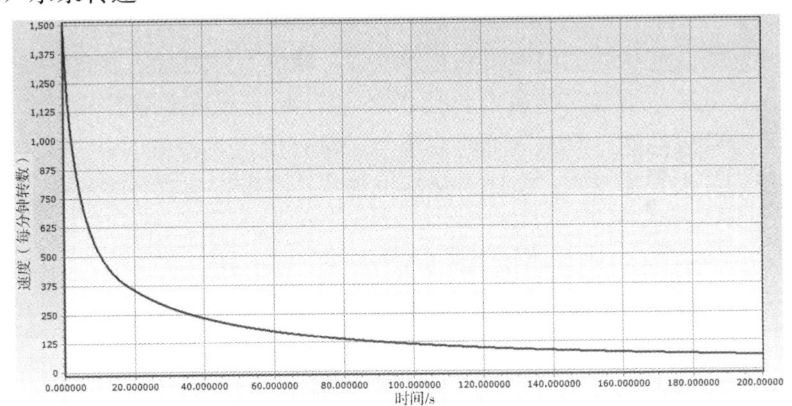

图 9.41　水泵转速结果

3）管内流量

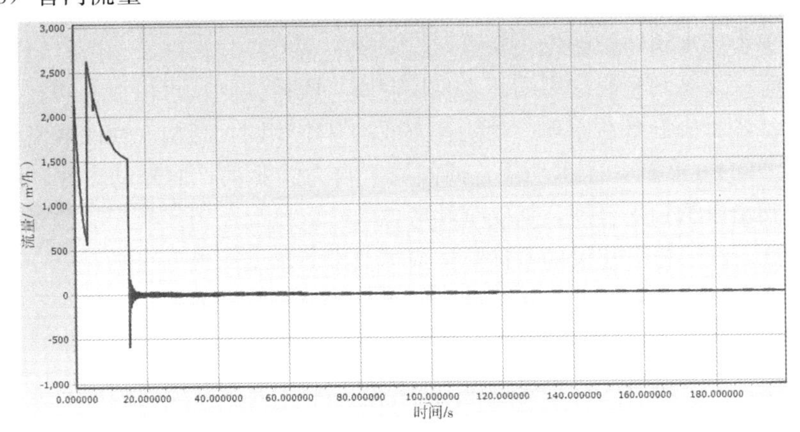

图 9.42　管内流量计算结果

4）止回阀处压力脉动

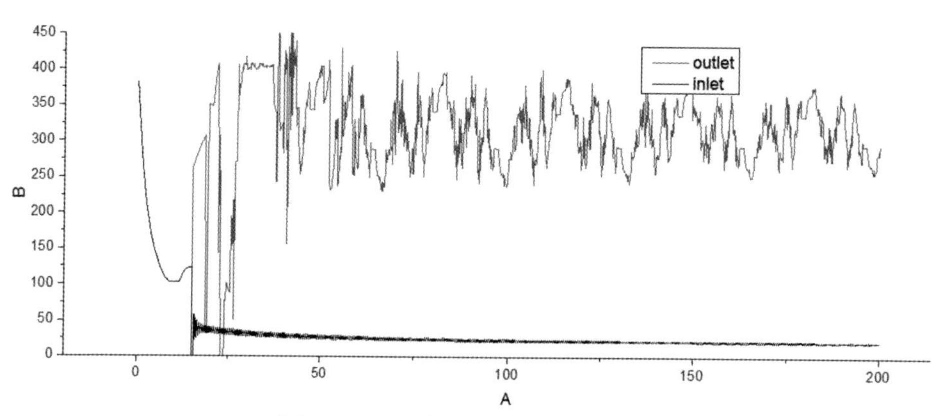

图 9.43　止回阀处压力脉动计算结果

分析：

高压包络线起伏较大问题得到有效改善，峰值大为削减，最高压在管道安全值范围；低压包络线除始段及仍自 1380m 开始到管道末端有负压，且负值大，大部分管段约达－10m；管内在第 16s 时有倒流，持续时间很短，对泵、管线无影响；水泵无反转；负压对泵站设备及管线运行会有一些不利。

9.3　改善输水系统负压水锤计算

9.3.1　一级泵站系统管线

改善负压水锤防护建议：

对于一级泵站管线，多功能水泵控制阀、吸排气阀、水击泄压阀、水锤预防阀设备各对比设备在原理、功能等方面均基本相同，结构、性能规格参数稍有区别。DN 600-PN 64 多功能止回阀属于自力式驱动；而外动力驱动的活塞式止回阀承压结构更合理，从安全性考虑，建议该阀采用该类产品。对于一级泵站管线，经分析后建议的水锤防护措施及设备选型布置见表 9.6。

表 9.6 吸排气阀布置，水泵后止回阀关阀规律的选择按 5s 内快闭 90%＋15s 缓闭 10%。进行对应工况和阀门布置下的水锤状态模拟计算分析；模拟分析主要包含水锤包络线、水泵转速、管内流量和止回阀处压力脉动的结果。

表 9.6　一级泵站管线水锤防护措施及设备选型布置表

节点	高程	数量/每管/泵	规格
泵站	止回阀 5s 90%+15s 10%	1	活塞式止回阀，DN600，PN63
泵站	水击泄压阀高压设定值 $P1$=470m	1	水击泄压 PN64
泵站	水击预防阀低压设定值 $P2$=280m 水击预防阀高压设定值 $P3$=450m	1	水击预防阀 PN64
泵站	—	1	组合式吸排气阀 DN，150，PN64
k4+536.050	3911.183	1	组合式吸排气阀，DN150，PN64
k5+155.232	3922.358	1	组合式吸排气阀，DN150，PN64
k6+252.727	3923.422	1	组合式吸排气阀，DN150，PN64
k6+561.674	3934.208	1	组合式吸排气阀，DN150，PN64
k7+673.449	3990.167	1	组合式吸排气阀，DN150，PN64
k8+163.269	4093.177	1	组合式吸排气阀，DN150，PN64

注：红色标注的吸排气阀为必须布置点、其余为排气需求可选布置点。

1）水锤包络线

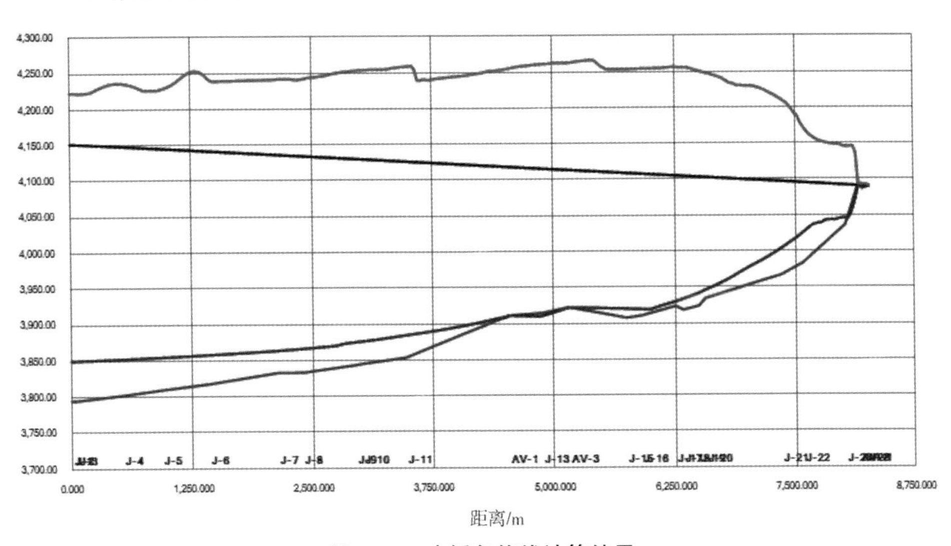

图 9.44　水锤包络线计算结果

2）水泵转速

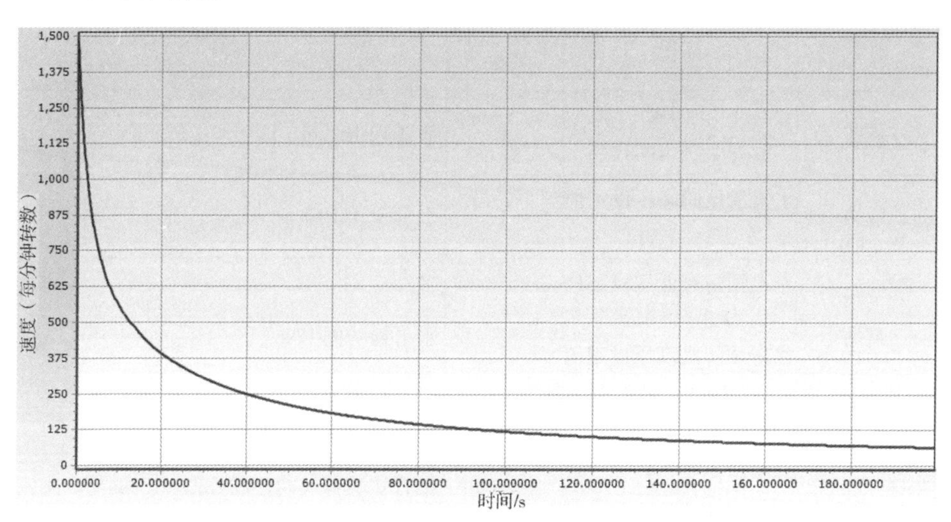

图 9.45　水泵转速结果

3）管内流量

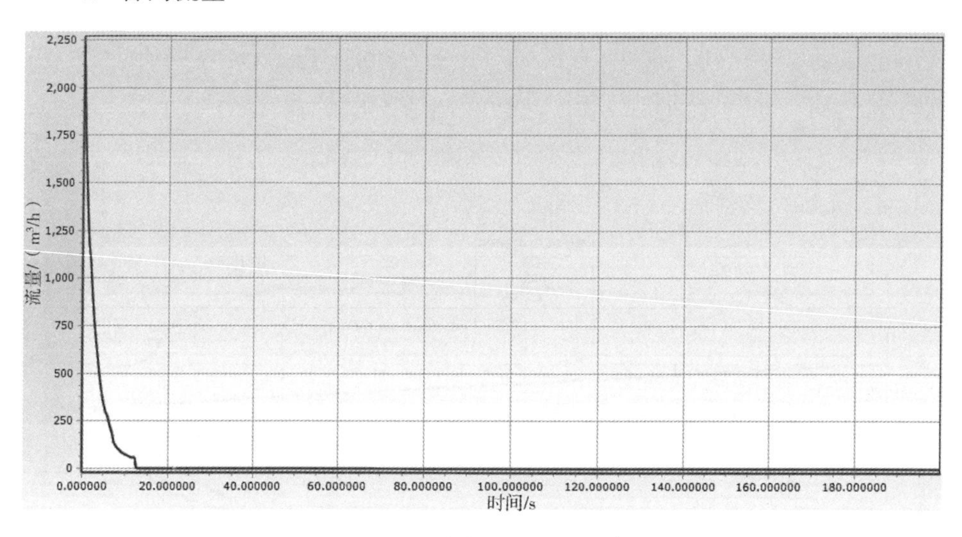

图 9.46　管内流量计算结果

4）止回阀处压力脉动

效果分析：

泵无反转，高压包络线平稳，峰值在管道承压安全值内，低压包络线平稳，负压－3 左右，止回阀处压力波动小，安全性好。

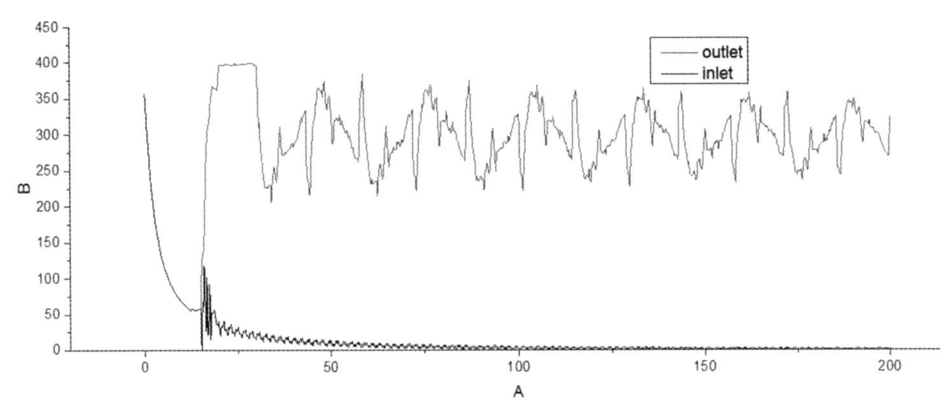

图 9.47　止回阀处压力脉动计算结果

9.3.2 二级泵站系统管线

改善负压的水锤防护建议：

对于二级泵站管线，同样多功能水泵控制阀、吸排气阀、水击泄压阀、水锤预防阀设备各对比设备在原理、功能等方面均基本相同，结构、性能规格参数稍有区别。DN 600 - PN 64 多功能止回阀，属于自力式驱动；而外动力驱动的活塞式止回阀承压结构更合理，从安全性考虑，建议该阀采用该类产品。对于一级泵站管线，经分析后建议的水锤防护措施及设备选型布置见表 9.7。

表 9.7　二级泵站管线水锤防护措施及设备选型布置表

节点	高程	数量/每管/泵	规格
泵站	5s/95%+15s/5%	1	活塞式止回阀，DN 600，PN 63
泵站	水击泄压阀高压设定值 $P1=410$m 最低洼点 $P1=500$m	1	防水锤水击泄放阀。口径：DN150，压力等级 $PN=6.4$MPa
泵站	水击预防阀低压设定值 $P2=190$m 水击预防阀高压设定值 $P3=400$m	1	防水锤水击预防阀（含电子控制箱）。口径：DN150，压力等级 $PN=6.4$MPa
泵站	—	1	防水锤复合式高速动力吸排气阀。口径：DN100+2.4mm，压力等级 $PN=6.4$MPa
J40	4221.99	1	防水锤型吸排气阀。口径：DN100 +2.4mm，压力等级 $PN=6.4$MPa

续表

节点	高程	数量/每管/泵	规格
PQ79	4256.47	1	防水锤型吸排气阀。口径：DN100＋2.4mm，压力等级 PN＝6.4MPa
J89	4260.69	1	防水锤复合式高速动力吸排气阀。口径：DN100＋2.4mm，压力等级 PN＝6.4MPa
PQ99	4267.77	1	防水锤型吸排气阀。口径：DN100＋2.4mm，压力等级 PN＝6.4MPa
PQ119	4257.81	1	防水锤型吸排气阀。口径：DN100＋2.4mm，压力等级 PN＝4.0MPa
J166	4305.51	1	防水锤型吸排气阀。口径：DN100＋2.4mm，压力等级 PN＝6.4MPa
PQ169	4313.61	1	防水锤型吸排气阀。口径：DN100＋2.4mm，压力等级 PN＝6.4MPa
J171	4323.27	1	防水锤复合式高速动力吸排气阀。口径：DN100＋2.4mm，压力等级 PN＝6.4MPa
J180	4337.53	1	防水锤复合式高速动力吸排气阀。口径：DN100＋2.4mm，压力等级 PN＝6.4MPa
J181	4339.33	1	防水锤复合式高速动力吸排气阀。口径：DN100＋2.4mm，压力等级 PN＝6.4MPa
PQ183	4349.48	1	防水锤型吸排气阀。口径：DN100＋2.4mm，压力等级 PN＝6.4MPa
J184	4351.64	1	防水锤复合式高速动力吸排气阀。口径：DN100＋2.4mm，压力等级 PN＝6.4MPa
J188	4373.59	1	防水锤复合式高速动力吸排气阀。口径：DN100＋2.4mm，压力等级 PN＝6.4MPa

表9.7吸排气阀布置，水泵后止回阀关阀规律的选择按5s内快闭95％＋15s缓闭5％。进行对应工况和阀门布置下的水锤状态模拟计算分析；模拟分析主要包含水锤包络线、水泵转速、管内流量和止回阀处压力脉动的结果。

1）水锤包络线

2）水泵转速

3）管内流量

4）止回阀处压力脉动

效果分析：

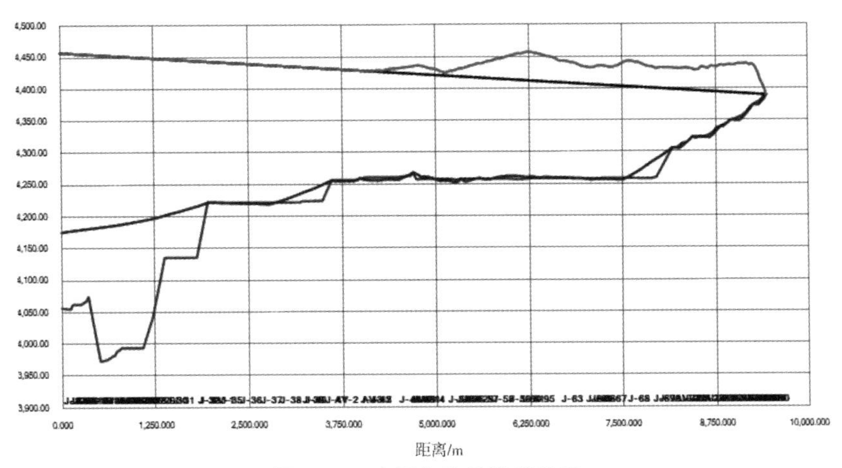

图 9.48　水锤包络线计算结果

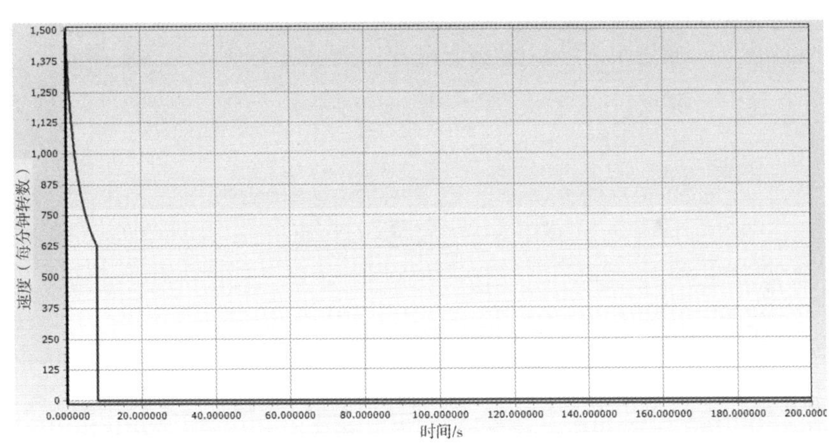

图 9.49　水泵转速结果

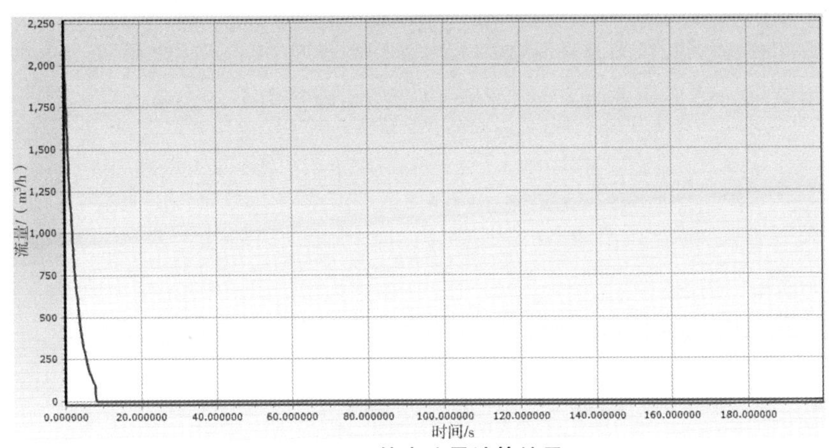

图 9.50　管内流量计算结果

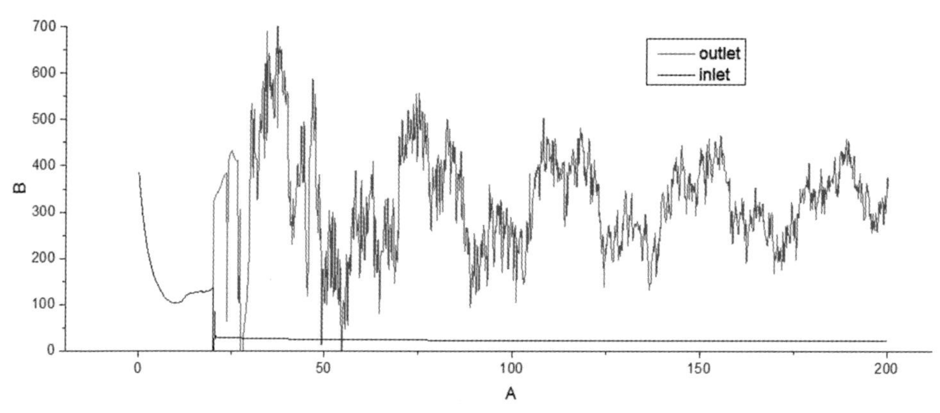

图 9.51　止回阀处压力脉动计算结果

高压包络线平稳，峰值在管道承压安全值内，低压包络线平稳，安全性好；止回阀处 75s 前压力波动较大，之后波动较小，在设备承压范围内，安全性好。此时，全程负压点大为削减，且负压值除个别点－5m 外均在－3m 左右，安全性大为提高。

9.4　本章小结

本章介绍了吸排气阀在泵能供水管路中的应用案例，并探讨了不同方案下的应用效果。案例分析分别对一级泵站管线和二级泵站管线进行了吸排气阀水锤控制Ⅰ、吸排气阀水锤控制Ⅱ的应用效果对比分析；并根据讨论分析给出了改善输水系统负压水锤计算与设备选型推荐方案，提出了具体改善水锤防护控制的装阀建议。本章内容从泵能供水案例出发，分析了不同吸排气阀和布置下的应用效果，可为相关研究与工程提供选型与防护方案的参考。

第10章 吸排气阀在重力流供水管道水锤控制分析

10.1 重力流管道输水工程概况

以某小（1）型水库为水源输水系统分析吸排气阀在重力流供水管路中的水锤控制。

10.1.1 水源水库工程概况

输水水源是一小型水库，主要由拦河坝、坝式取水口、放空孔排沙孔1座、1条供水管道组成。主要任务为供水。扩容新建大坝坝址选择在原水库大坝下游约90m处，扩容后水库正常蓄水位为870m，水库供水死水位为843.5m，总库容773.6万m^3。水库原有供水管道设计供水流量0.116m^3/s，水库扩容后供水总流量为0.383m^3/s，扣除原有供水管道输送的0.116m^3/s的流量，需新建1条供水管道承担新增总流量0.267m^3/s，其中沿途供水0.0011m^3/s，向附近村镇供水0.0018m^3/s，末端向水厂供水0.242～0.264m^3/s。新建管线全程基本采用埋管敷设，管材为K9级球墨铸铁管。新建供水管通往新建水厂，总长9.895km。水库扩容后，另设有一条灌溉及河道生态基流放水管DN400，设流量阀控制下放流量0.242m^3/s。输水总管从水库取水口引接至阀门室，在阀门室中分为新建供水管、灌溉及河道生态基流放水管、原有供水管。

扩容工程水库特征水位及计算水位概况如下：水库正常蓄水位为870m，设计洪水位为873.69m，校核洪水位874.66m，供水死水位843.5m，有效库容563.5万m^3，总库容773.6万m^3，城镇供水规模为0.383m^3/s（原有供水管承担0.116m^3/s，新建供水管道承担0.267m^3/s）。根据活塞阀开度流量曲线图，新建供水管道设计流量下末端流量调节阀开度为20%，环境灌溉管道设计流量下调流阀开度为 34%。输水系统直接从新建的水库拦河坝取水，经 DN1000mm 总供水管引至分水阀房后分接原有供水管、新建供水管、灌溉及环境放水管。最低运行库水位为 843.5m，最高运行库水位为 874.66m。管道起点中心高程 841.3m，管道终点中心高程 800m。以上游水库位置 Y0—29.64m 处为管线布置图起点，根据新建输水管线布置情况如图 10.1 所示，管线节点较多，稀释节点密度进行表示走势，图示各点不一定代表设备安装位置。

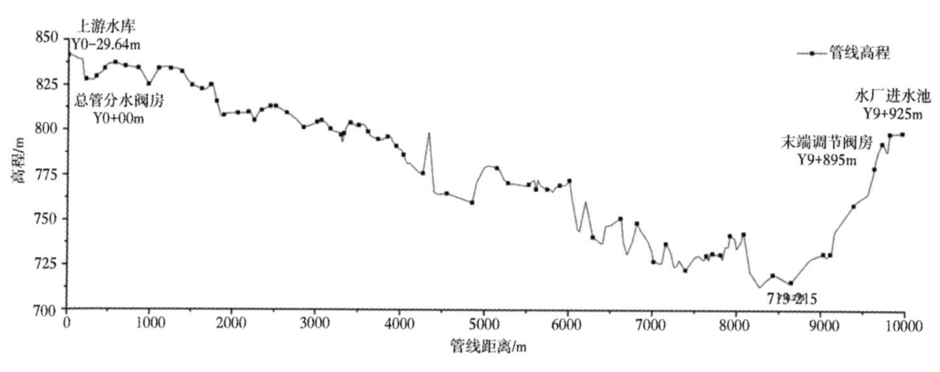

图 10.1　输水管线布置图

10.1.2　扩容工程供水管道与初拟设置的阀门等设计及布置参数

水库扩容工程新建供水管道主要采用铸铁管，部分管接头等采用焊接钢管，干管及各村镇分水点支管设计流量、各管段管径、长度等参数见表 10.1，在设计时对其主要设备进行了设计和规划，初拟各种阀门的数量及布置位置见表 10.2。根据安装的设备型号及使用要求，计算式对其中部分阀门设备的状态进行了设置。型号及其设置如表 10.3 所示。

表 10.1　新建供水管道各节点主要参数表

序号	管段范围/桩号	阀门或管件名称	公称直径/mm	安装高程/m	管段过流量/(m^3/s)	分水点流量/(m^3/s)
1	Y0—29.64～Y0＋000 段	进水口至阀门	DN1000	841.30	0.625	—
2	Y0＋000	原水厂供水管（视为支管）	DN400	841.3	—	0.116
3	Y0＋000	环境放水流量调节阀	DN400	841.3	—	0.242
4	Y0＋000m～Y2＋490m 段	—	DN600	—	0.267	

续表

序号	管段范围/桩号	阀门或管件名称	公称直径/mm	安装高程/m	管段过流量/(m^3/s)	分水点流量/(m^3/s)
5	Y2+490	1# 分水支管	DN100	—	—	0.0011
6	Y2+490～Y4+080m 段	—	DN600	—	0.266	—
7	Y4+080m～Y5+976.526	—	DN500	—	0.266	—
8	Y5+976.526	2# 分水支管	DN100	—	—	0.0018
9	Y5+976.526m～Y9+895m 段	—	DN500	—	0.264	—
10	Y9+895m	水厂流量调节阀	DN500	895	0.264	—
11	Y9+895m～Y9+925m 段	—	DN500	800	0.264	—
12	Y9+925m	水厂进水池	—	—	—	—

表 10.2　新建供水管初拟设置的阀门及防护设备布置位置表

序号	桩号/(km+m)	序号	桩号/(km+m)	序号	桩号/(km+m)	序号	桩号/(km+m)
一	排水阀(DN150)	二	弥合水锤预防阀(DN100)	三	排气阀(DN150)	四	供水分水阀(DN100)
1	Y0+274.426	1	Y1+721.934	1	Y0+545.000	1	Y2+490.000
2	Y0+946.353	2	Y3+357.891	2	Y1+282.500	2	Y4+310.000
3	Y1+824.119	3	Y4+305.374	3	Y2+485.000		
4	Y2+814.509	4	Y4+860.791	4	Y3+845.415		
5	Y3+273.459	5	Y5+976.526	5	Y5+110.130		
6	Y4+238.295	6	Y6+175.000	6	Y5+598.168	五	检修蝶阀
7	Y4+822.961	7	Y6+279.853	7	Y6+588.892	1	Y0+000
8	Y5+569.721	8	Y6+800.009	8	Y7+664.623	2	Y2+485.000
9	Y6+099.491	9	Y7+125.459	9	Y7+917.632	2	Y5+976.526
10	Y6+376.926	10	Y9+687.971	10	Y8+040.885	3	Y8+040.885
11	Y6+667.175	—	—	11	Y8+996.910	—	—

续表

序号	桩号/(km+m)	序号	桩号/(km+m)	序号	桩号/(km+m)	序号	桩号/(km+m)
12	Y7+047.837	—	—	—	—	—	—
13	Y7+365.299	六	水锤泄放阀(DN200)	七	水锤泄放阀(DN200)	八	末端（水厂）流量调节阀
14	Y7+799.572	1	Y9+892.000	1	Y2+490.000	1	Y9+892.000
15	Y8+244.707	—	—	2	Y4+310.000	—	—
16	Y9+036.411	—	—	—	—	—	—
17	Y9+741.054	—	—	—	—	—	—

表 10.3　阀门型号及设置

名称	弥合水锤预防阀	水锤泄放阀	排气阀（复合式）	排水阀
规格	DN100 PN1.0/1.6/2.5	DN200 PN1.6	DN150 PN1.0/1.6/2.5	DN150 PN1.0/1.6/2.5
参数设置	吸气、排气孔径为 100mm；微量排气孔径为 10mm；安装位置由管线入口往管线出口，数量分别对应 6/3/1。	—	—	手动闸阀

10.2　初拟阀门设计与布置方案下的运行工况分析

10.2.1　稳态工况分析

由于水库水位呈现变化波动较大的情况，同时管道运行初期和运行末期粗糙度的变化，对于整个新建输水管线的平稳会产生影响，因此对于多种情况下的稳态情况均进行计算。通过稳态工况水力计算，管道及阀门设置方案基本能够保证输水管路各供水点的压力与流量控制要求，并且水力坡度较为平顺。

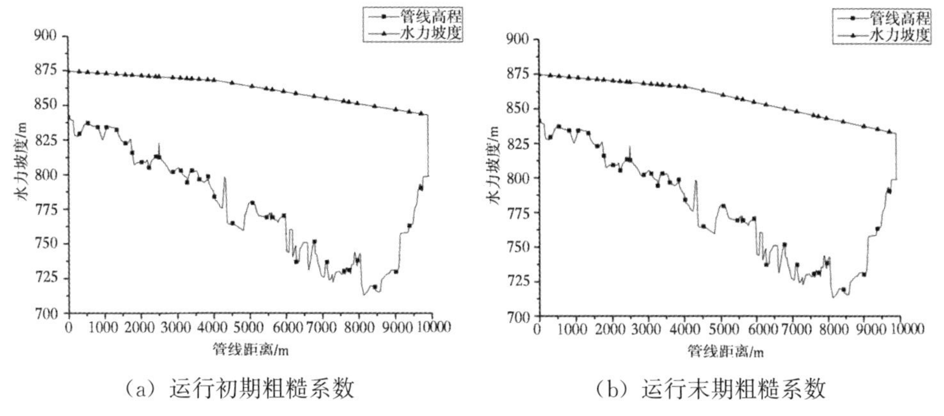

（a）运行初期粗糙系数　　　　（b）运行末期粗糙系数

图 10.2　水库校核水位 874.66m

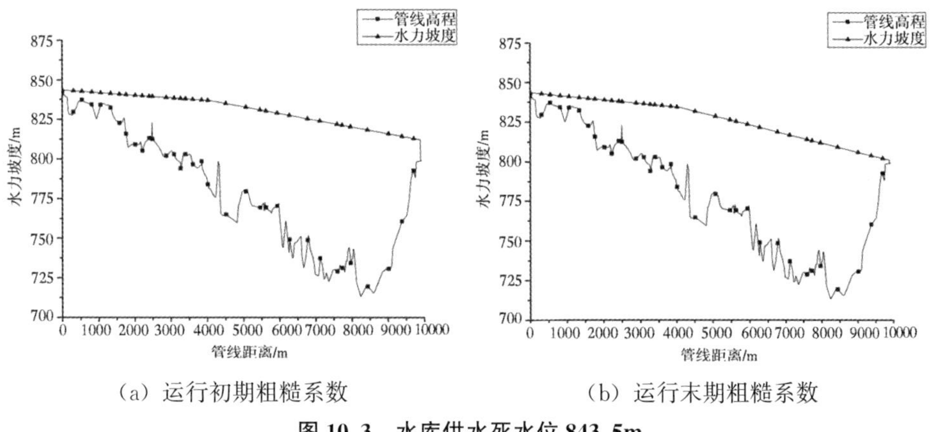

（a）运行初期粗糙系数　　　　（b）运行末期粗糙系数

图 10.3　水库供水死水位 843.5m

10.2.2　瞬态关阀工况分析

在水库不同水位下，采用不同关阀方式，进行水力计算，分析输水管路总体情况，对阀门设置方案进行分析评价。

（1）在水库洪水位、不同运行时期粗糙系数条件下，进行末端流量调节阀 60s 关闭工况的水力计算：a. 水库校核洪水位 874.66m、运行初期粗糙系数、按 2.2 设备配置、末端流量调节阀 60s 从过设计流量开度关闭至 0 开度。水力计算情况如图 10.4（a）所示。b. 水库校核洪水位 874.66m、运行末期粗糙系数、按表 10.2 设备配置、末端流量调节阀 60s 从过设计流量开度关闭至 0 开度。水力计算情况如图 10.4（b）所示。

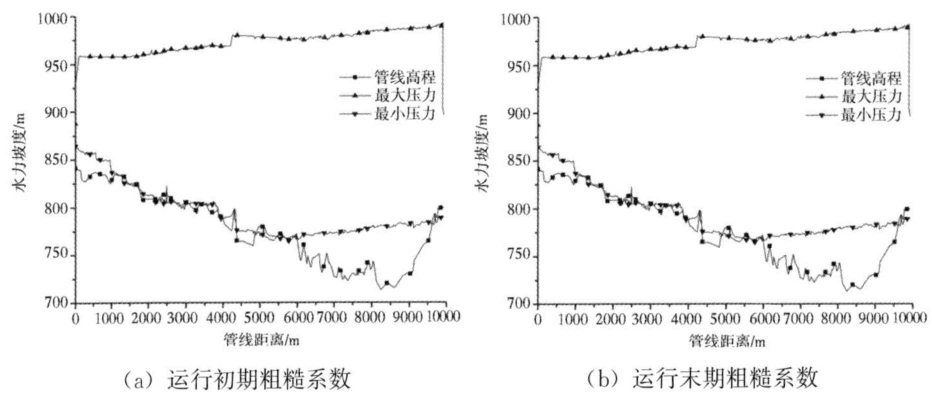

(a) 运行初期粗糙系数　　(b) 运行末期粗糙系数

图 10.4　水库校核洪水位 874.66m，末端调节阀 60s 从设计流量开度关闭至 0 开度

通过水力计算，在靠近管线进口位置，压力降低较快，在 1100m 至 1400m 位置、2000m 至 3000m 位置、5000m 至 6000m 位置及最后流量调节阀门附近多处出现水流汽化现象。最大压力低于管道最大承压能力，对于最大压力的控制较好。

(2) 在水库供水死水位、不同运行使其粗糙系数条件下，进行末端流量调节阀 165s 关闭工况的水力计算：a. 水库供水死水位 843.5m、运行初期粗糙系数、按表 10.2 设备配置、末端流量调节阀 165s（开关阀时间可由厂家计算确定）从过设计流量开度关闭至 0 开度；b. 水库供水死水位 843.5m、运行末期粗糙系数、按表 10.2 设备配置、末端流量调节阀 165s（开关阀时间可由厂家计算确定）从过设计流量开度关闭至 0 开度。水力计算情况如图所示。

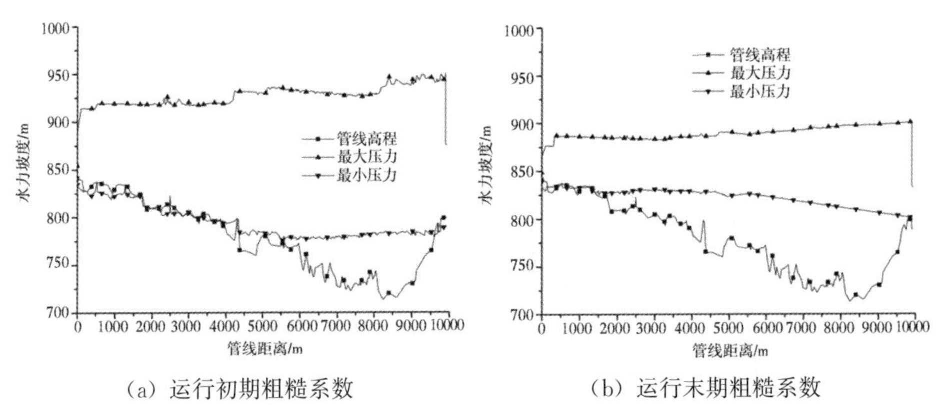

(a) 运行初期粗糙系数　　(b) 运行末期粗糙系数

图 10.5　水库供水死水位 843.5m，末端调节阀 165s 从设计流量开度关闭至 0 开度

通过水力计算，从管线进口位置开始到最后流量调节阀门附近多处出现水流汽化现象，在运行末期粗糙系数下的汽化较少。最大工作压力较为平稳，没有出现超压现象。

（3）在水库洪水位、不同运行时期粗糙系数条件下，进行末端流量调节阀 300s 关闭工况的水力计算。

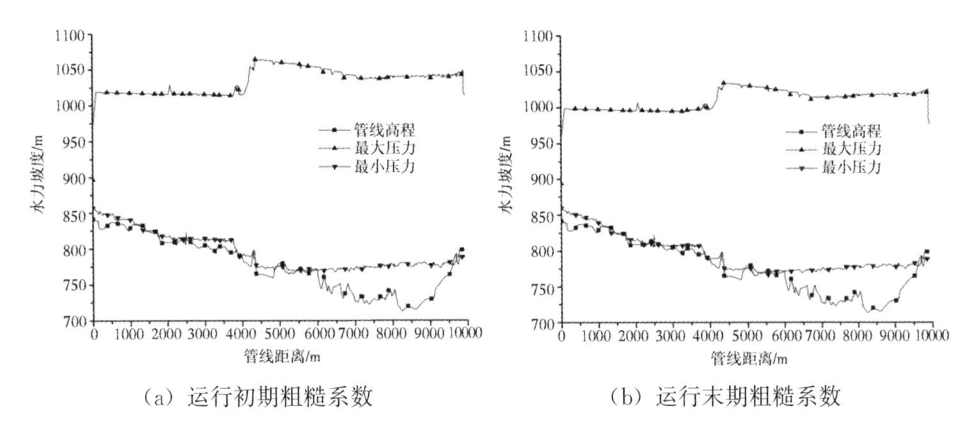

（a）运行初期粗糙系数　　（b）运行末期粗糙系数

图 10.6　水库校核洪水位 874.66m，末端调节 300s 从设计流量开度关闭至 0 开度

通过水力计算，管线前半段多处出现了负压，部分负压处出现了汽化。最高压力有波动轻微，压力的上升出现在较大承压能力管段，在承受范围之内。

（4）在水库供水死水位、不同运行使其粗糙系数条件下，进行末端流量调节阀 300s 关闭工况的水力计算。

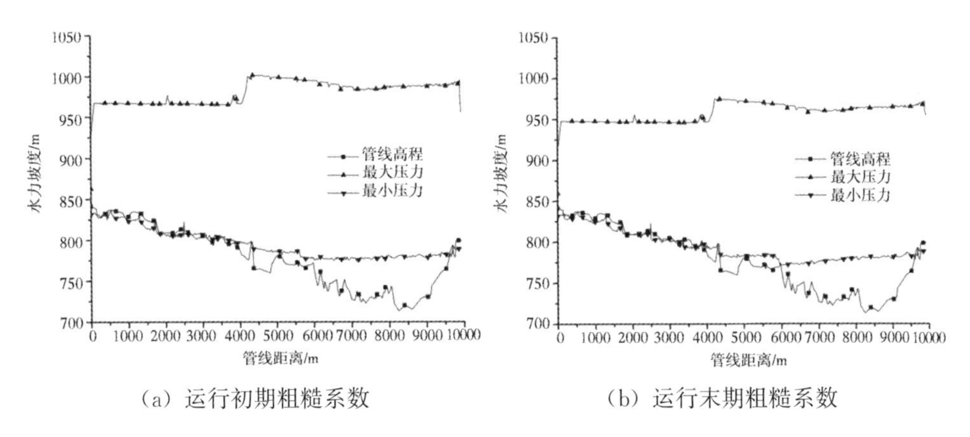

（a）运行初期粗糙系数　　（b）运行末期粗糙系数

图 10.7　水库供水死水位 843.5m，末端调节阀 300s 从设计流量开度关闭至 0 开度

通过水力计算，管线前半段多处出现了负压，部分负压处出现了汽化。最高压力有波动轻微，且压力较高。

（5）在水库洪水位、不同运行时期粗糙系数条件下，末端流量调节阀不动作，灌溉环境调流阀 60s 关闭的水力计算。

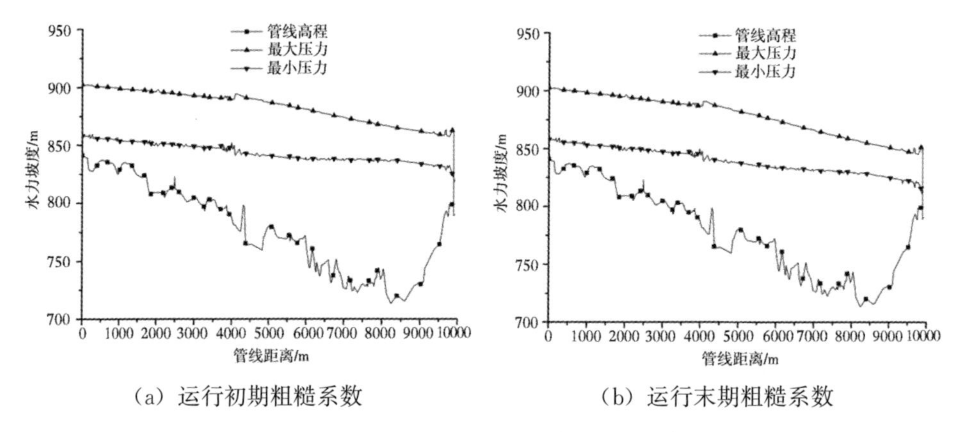

（a）运行初期粗糙系数　　（b）运行末期粗糙系数

图 10.8 水库校核洪水位 874.66m，灌溉环境调流阀 60s 从设计流量开度关闭至 0 开度

通过水力计算，最高压力和最低压力趋势都接近稳态运行，整个管线的最低压力没有出现负压。最大压力较小，没有超过承压能力。

（6）在水库供水死水位、不同运行使其粗糙系数条件下，末端流量调节阀不动作，灌溉环境调流阀 60s 关闭的水力计算。

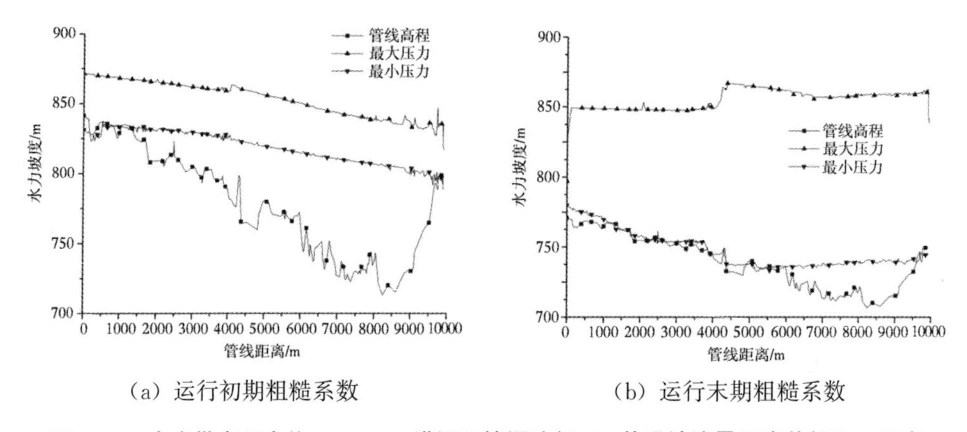

（a）运行初期粗糙系数　　（b）运行末期粗糙系数

图 10.9　水库供水死水位 843.5m，灌溉环境调流阀 60s 从设计流量开度关闭至 0 开度

通过水力计算，输水管线的负压问题出现较少，主要集中在入口分流和管道靠前位置，最高压力的出现较为稳定，并且压力较低。

（7）在水库死水位、不同运行时期粗糙系数条件下，末端流量调节阀不动作，事故发生，选定桩号 Y5＋976.526 处检修阀设定 150s 关闭的水力计算。

通过水力计算，管线进口附近出现负压，并且有部分汽化现象出现，后半段负压防护效果较好。最大压力在检修阀门处出现波动与降低。

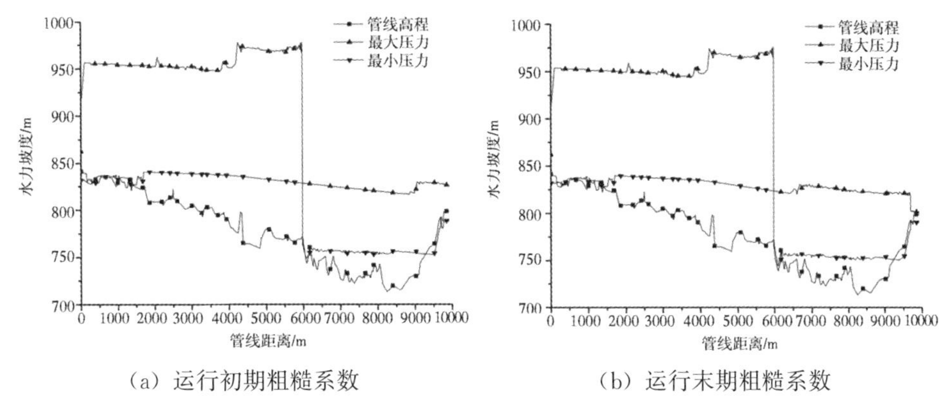

（a）运行初期粗糙系数　　（b）运行末期粗糙系数

图 10.10　水库供水死水位 843.5m，末端调节阀 165 s 从设计流量开度关闭至 0 开度

10.2.3　瞬态开阀工况分析

在水库不同水位下，采用不同开阀方式，进行水力计算，分析输水管路总体情况，对阀门设置方案进行分析评价。

（1）在水库洪水位、不同运行时期粗糙系数条件下，进行末端流量调节阀 60s 由全关开启至设计流量开度工况的水力计算。

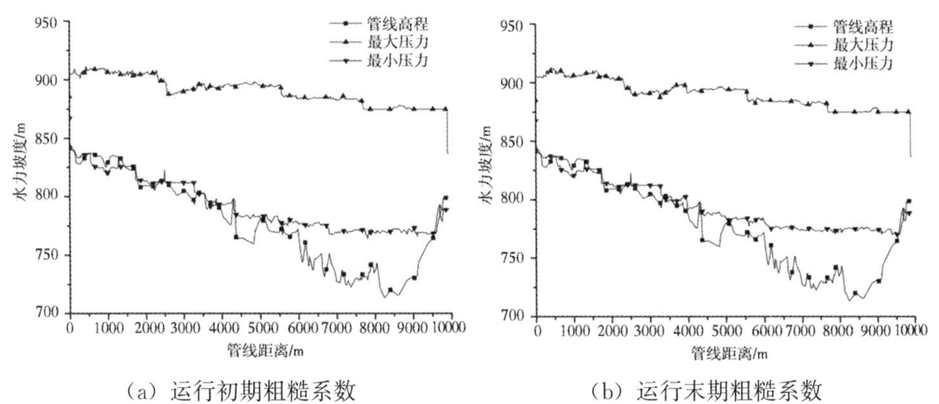

（a）运行初期粗糙系数　　（b）运行末期粗糙系数

图 10.11　水库校核洪水位 874.66m，末端流量调节阀 60s 由全关开启至设计流量开度

通过水力计算，管线前半段的负压问题较多。

（2）在水库供水死水位、不同运行使其粗糙系数条件下，进行末端流量调节阀 165s 全关开启至设计流量开度工况的水力计算。

（3）在水库供水死水位、不同运行使其粗糙系数条件下，进行灌溉环境调流阀 120s 全关开启至设计流量开度工况的水力计算。

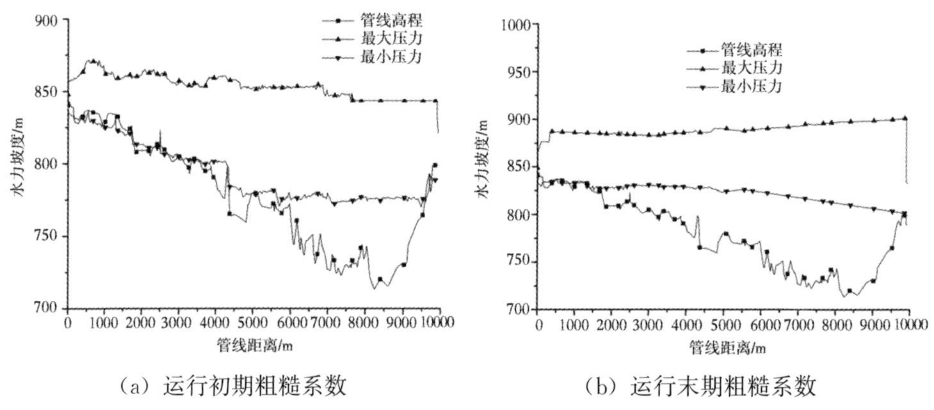

图 10.12　水库供水死水位 843.5m，末端流量调节阀 165 s 由全关开启至设计流量开度

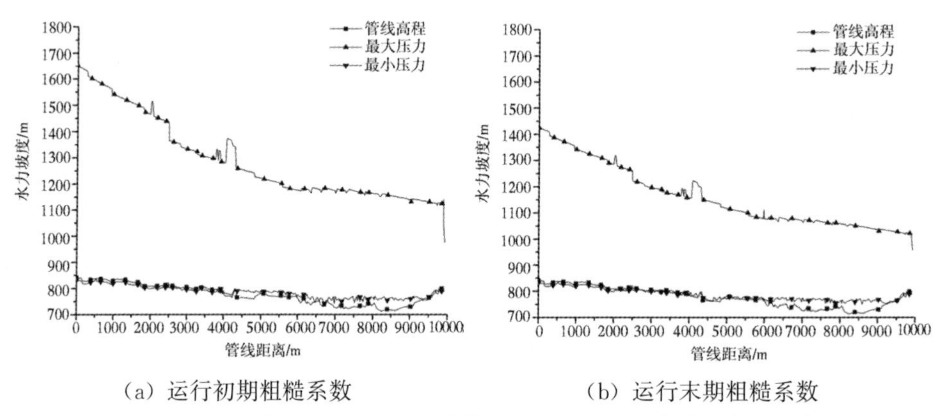

图 10.13　水库供水死水位 843.5m，环境灌溉调流阀 120s 由全关开启至设计流量开度

10.3　阀门设计与布置方案的运行与改进分析

10.3.1　第一次工况分析与改进

10.3.1.1　关阀工况分析与方案调整

通过上述对关阀（1）（2）类工况分析，末端流量阀门关闭时间较短和较长时，对于正压的防护效果较好，没有出现超压现象，但是对于低压的防护效果较差，在 1100～1400m 位置、2000～3000m 位置及最后流量调节阀门附近多处出现负压，压力低至－10m 水柱时，开始出现汽化，软件不再进行计算，

因此负压最小位置处确认较难。对其进行改进，水库校核洪水位874.66m、运行初期粗糙系数、按表10.2设备配置、末端流量调节阀60s从过设计流量开度关闭至0开度时，在桩号Y0＋722、Y1＋497、Y2＋660及Y4＋020处加装排气阀，并将所有排气阀排气直径改为200mm，进行计算分析结果如图10.14所示，结果显示负压防护效果改善并不明显，对表10.2方案应进行调整。

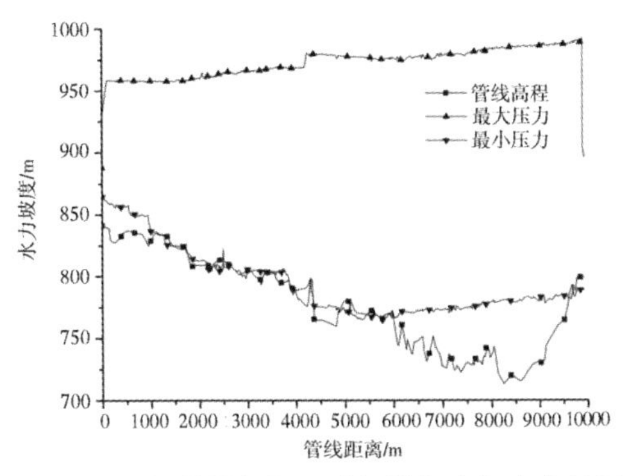

图10.14　加装排气阀，增加排气直径水力结果

通过上述对关阀（3）（4）类工况分析，末端流量阀门由全开关闭至全关时，最大压力会出现升高，负压问题严重，从管线进水口起始段至4000m处，多处出现负压，防护效果较差。在水库水位较低时，最大压力会降低，正压防护效果变好，但是负压问题更为严重。对其进行改进，水库校核洪水位874.66m、运行初期粗糙系数、按表10.2设备配置、末端流量调节阀从100%开度关闭至0开度，采用两段式关阀，采用60s快关70%，220s慢关30%，进行计算分析结果如图10.15所示，结果显示负压防护效果明显改善，还可以进行其他多段式关阀措施进行分析。

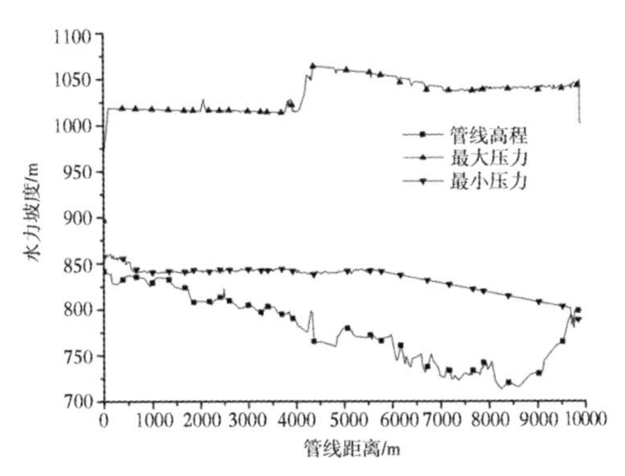

图10.15　两段式关阀改进

通过上述对关阀（5）、（6）类工况分析，末端流量阀门不动作，环境灌溉阀门关闭时，该方案下的水锤防护效果良好，水库高水位是没有负压出现，低水位时在进口小段管线出现负压。

通过上述对关阀（7）类工况分析，末端流量阀门不动作及环境灌溉阀门不动作，Y5＋976.526处检修阀关闭时，水锤防护效果较好，仅在300～600m位置出现少量负压。对其进行改进，换用Y2＋485及Y8＋040.885处检修阀门关闭，进行计算分析结果如图10.16所示，距离进水口越近的检修阀关闭会恶化负压现象，靠近出水口处检修阀关闭对负压的防护效果较好。

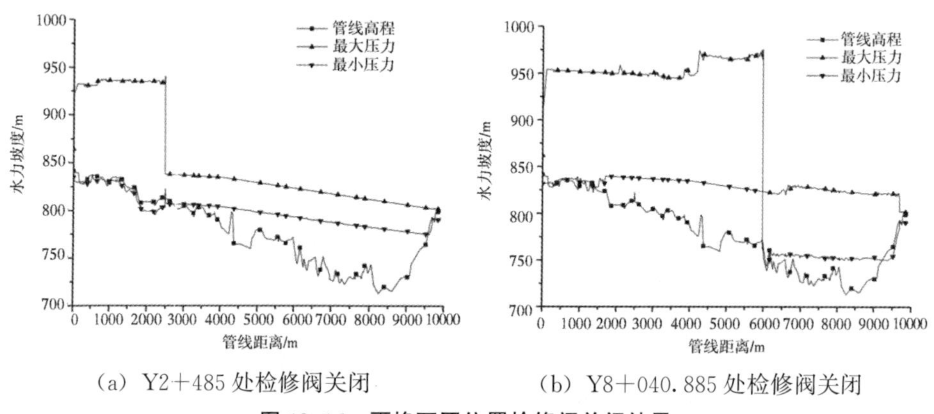

（a）Y2＋485处检修阀关闭　（b）Y8＋040.885处检修阀关闭

图10.16　更换不同位置检修阀关闭结果

10.3.1.2　开阀工况分析与方案调整与运行粗糙度分析

根据上述对开阀（1）（2）类末端流量调节阀开阀工况分析，表10.2设置方案对于管线的正压防护效果良好，但是在靠近进水口管道出现负压情况较多，应该进行改进。水库校核洪水位874.66m、运行初期粗糙系数、按表10.2设备配置、末端流量调节阀从0开度开阀至过设计流量开度，采用40s慢开、50％，20s快开、20％的两段式开阀下，水力计算结果如图10.17，负压问题得到一定改善，同时最大压力有升高，但没有超过限制。因此开阀方式可以进行调整。

通过上述对开阀（3）类开阀工况分析，末端流量调节阀门不动作，环境灌溉调流阀开启时，不仅负压问题存在，最大压力超压问题严重，因此需要进行改进。在环境灌溉流量阀前应采取降低正压和控制负压的措施。或者对其阀门控制顺序或者操作进行改进。

不同运行时期粗糙系数分析：根据所有工况在不同运行时期管道粗糙系数条件下的情况，粗糙系数对于最大压力和最小压力均有影响，一般能够使最大和最小压力降低，对于最大压力的影响较为明显，部分工况可以看到明显的最大压力降低现象。

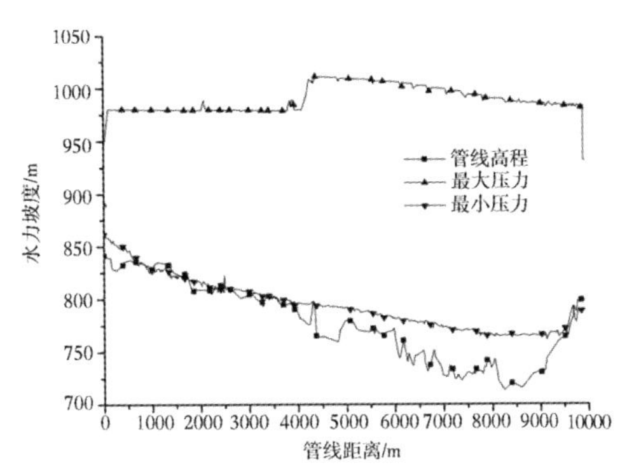

图 10.17　两段式开阀

10.3.2　第二次工况分析与改进

10.3.2.1　关阀工况分析与方案调整

通过上述对关阀（1）、（2）类工况分析，末端流量阀门关闭时间较短和较长时，对于正压的防护效果较好，没有出现超压现象，但是对于低压的防护效果较差，在 1100～1400m 位置、2000～3000m 位置及最后流量调节阀门附近多处出现负压，压力低至－10m 水柱时，开始出现汽化，软件不再进行计算，因此负压最小位置处确认较难。对其进行改进，水库校核洪水位 874.66m、运行初期粗糙系数、按表 10.2 设备配置、末端流量调节阀 60s 从过设计流量开度关闭至 0 开度时，在桩号 Y0＋722、Y1＋497、Y2＋660 及 Y4＋020 处加装排气阀，并将所有排气阀排气直径改为 200mm，进行计算分析结果如图 10.18 所示，结果显示负压防护效果改善并不明显，对表 10.2 方案应进行调整。

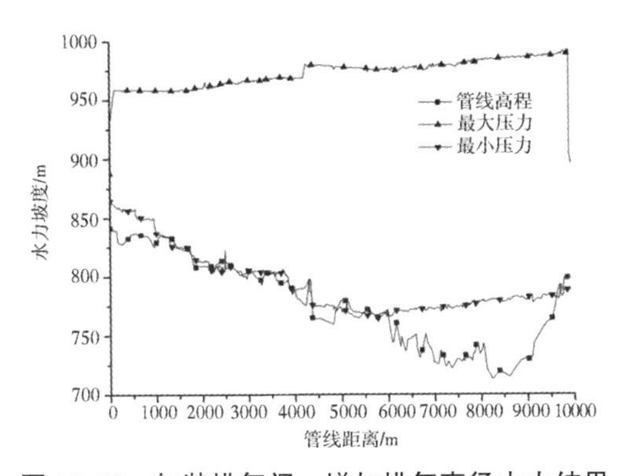

图 10.18　加装排气阀，增加排气直径水力结果

通过上述对关阀（3）（4）类工况分析，末端流量阀门由全开关闭至全关时，最大压力会出现升高，负压问题严重，从管线进水口起始段至 4000m 处，

多处出现负压，防护效果较差。在水库水位较低时，最大压力会降低，正压防护效果变好，但是负压问题更为严重。对其进行改进，水库校核洪水位874.66m、运行初期粗糙系数、按表10.2设备配置、末端流量调节阀从100%开度关闭至0开度，采用两段式关阀，采用60s快关70%，220s慢关30%，进行计算分析结果如图10.19所示，结果显示负压防护效果明显改善，还可以进行其他多段式关阀措施进行分析。

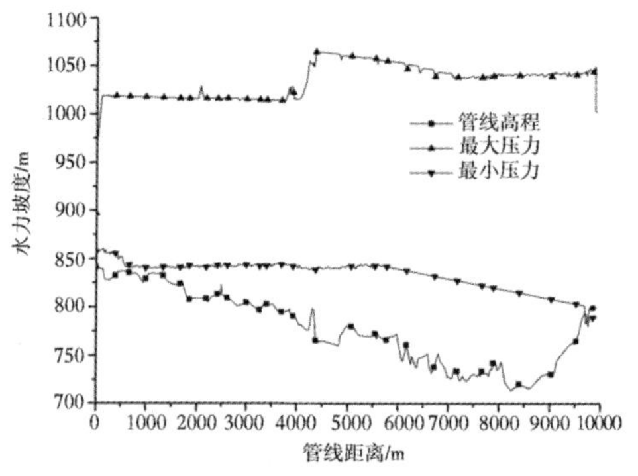

图10.19　两段式关阀改进

通过上述对关阀（5）、（6）类工况分析，末端流量阀门不动作，环境灌溉阀门关闭时，该方案下的水锤防护效果良好，水库高水位是没有负压出现，低水位时在进口小段管线出现负压。

通过上述对关阀（7）类工况分析，末端流量阀门不动作及环境灌溉阀门不动作，Y5+976.526处检修阀关闭时，水锤防护效果较好，仅在300～600m位置出现少量负压。对其进行改进，换用Y2+485及Y8+040.885处检修阀门关闭，进行计算分析结果如图10.20所示，距离进水口越近的检修阀关闭会恶化负压现象，靠近出水口处检修阀关闭对负压的防护效果较好。

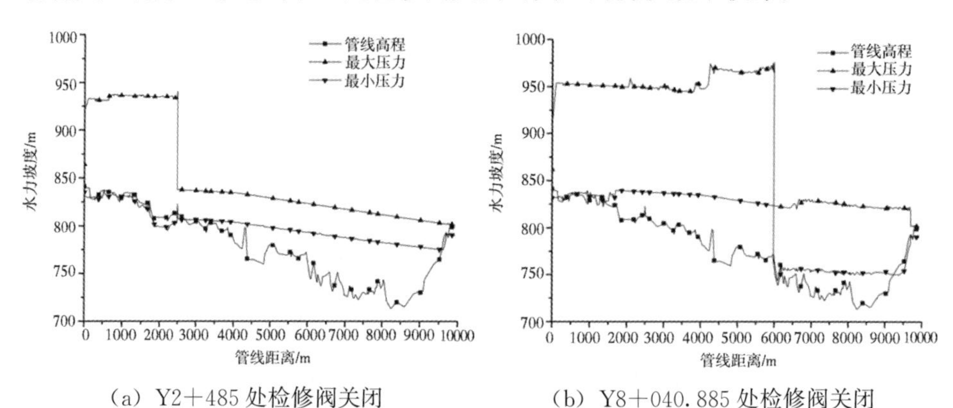

（a）Y2+485处检修阀关闭　　（b）Y8+040.885处检修阀关闭

图10.20　更换不同位置检修阀关闭结果

10.3.2.2　开阀工况分析与方案调整与运行粗糙度分析

根据上述对开阀（1）、（2）类末端流量调节阀开阀工况分析，表10.2设置方案对于管线的正压防护效果良好，但是在靠近进水口管道出现负压情况较多，应该进行改进。水库校核洪水位874.66m、运行初期粗糙系数、按表10.2设备配置、末端流量调节阀从0开度开阀至过设计流量开度，采用40s慢开、50％，20s快开、20％的两段式开阀下，水力计算结果如图10.21，负压问题得到一定改善，同时最大压力有升高，但没有超过限制。因此开阀方式可以进行调整。

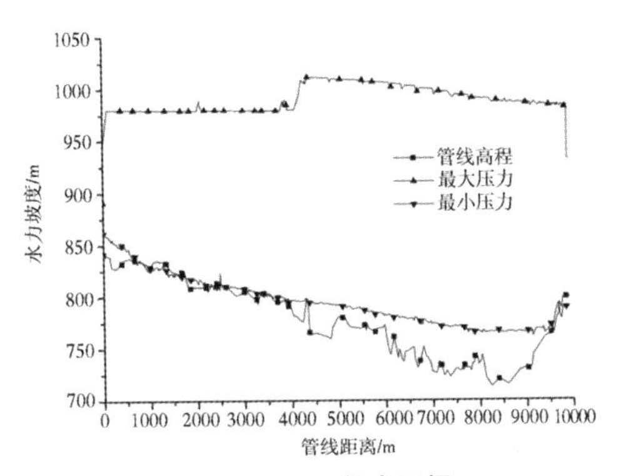

图10.21　两段式开阀

通过上述对开阀（3）类开阀工况分析，末端流量调节阀门不动作，环境灌溉调流阀开启时，最大压力和最小压力均在合理范围内，没有负压情况出现，不会对输水管线造成影响，对环境灌溉调流阀开启时的水锤防护效果较好。

不同运行时期粗糙系数分析：根据所有工况在不同运行时期管道粗糙系数条件下的情况，粗糙系数对于最大压力和最小压力均有影响，一般能够使最大和最小压力降低，对于最大压力的影响较为明显，部分工况可以看到明显的最大压力降低现象。

10.3.3　第三次工况分析与改进

10.3.3.1　关阀工况分析与方案调整

通过上述对关阀（1）、（2）类工况分析，末端流量阀门关闭时间较短和较长时，对于最大压力的防护效果较好，没有出现超压现象，同时对于最小压力的防护效果也较好，出现少量负压。水库校核洪水位874.66m、运行初期粗糙系数、按表10.2设备配置、末端流量调节阀60s从过设计流量开度关闭至0开度，在节点Y0＋098.581、Y1＋066.172、Y1＋466.125处加装排气阀，进排气直径为 150mm，计算结果如图 10.22 所示。单纯加装排气阀对于负压的防护效果改善不明显。

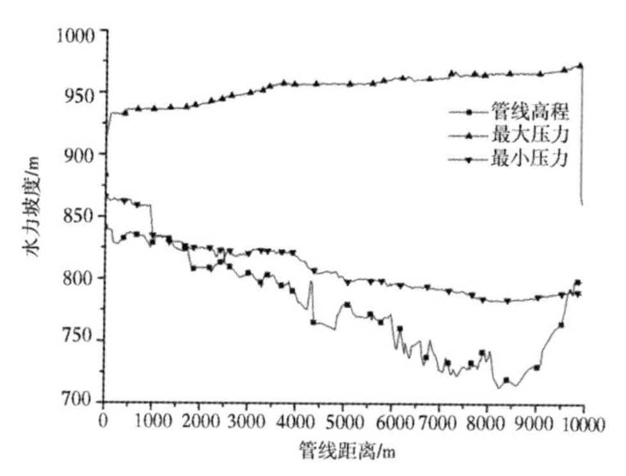

图 10.22　加装排气阀计算结果

通过上述对关阀（3）、（4）类工况分析，末端流量阀门由全开关闭至全关时，最大压力和最小压力均在有效范围内，没有超压及负压出现。水库水位较低时，最大压力和最小压力出现下降，该方案下的管线水锤防护效果较好。

通过上述对关阀（5）、（6）类工况分析，末端流量阀门不动作，环境灌溉阀门关闭时，该方案下的水锤防护效果良好，水库高水位是没有负压出现，低水位时仅在进口小段管线出现少量负压，但没有超过限度。

通过上述对关阀（7）类工况分析，末端流量阀门不动作及环境灌溉阀门不动作，Y5＋976.526 处检修阀关闭时，水锤防护效果较好，1100～2500m 位置出现少量负压。对其进行改进，换用 Y2＋485 及 Y8＋040.885 处检修阀门关闭，进行计算分析结果如图 10.23 所示，距离进水口越近的检修阀关闭会恶化负压现象，靠近出水口处检修阀关闭对负压的防护效果较好。

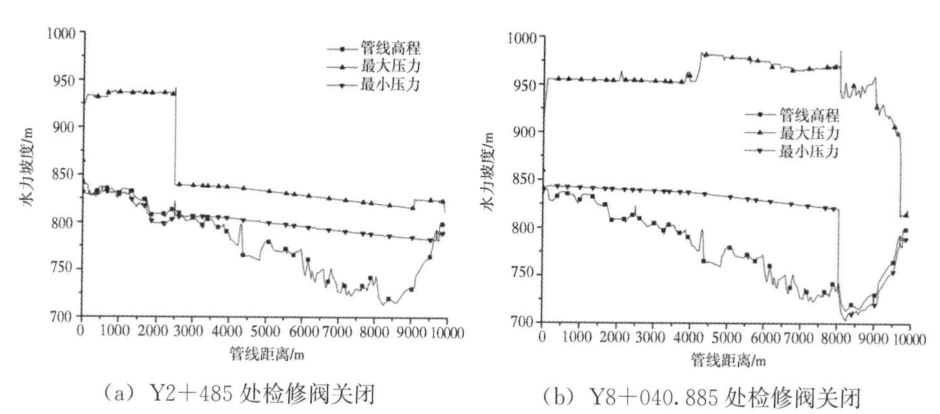

（a）Y2＋485 处检修阀关闭　　（b）Y8＋040.885 处检修阀关闭

图 10.23　更换不同位置检修阀关闭结果

10.3.3.2　开阀工况分析与方案调整与运行粗糙度分析

根据对上述对开阀（1）、（2）类末端流量调节阀开阀工况分析，表 10.2 设置方案对于管线的最大压力防护效果良好，但是在靠近进水口管道出现负压情况较多，应该进行改进。水库校核洪水位 874.66m、运行初期粗糙系数、按表 10.2 设备配置、末端流量调节阀 60s 从 0 开度开阀至过设计流量开度。在节点 Y0＋722.181、Y1＋497.457、Y2＋660.110、Y4＋020.943 处加装排气阀，进排气直径为 150mm，计算结果如图 10.24 所示，对于负压的防护效果有所改善，但是在管线前段依然存在部分较严重的负压出现，因此该方案还需改进。

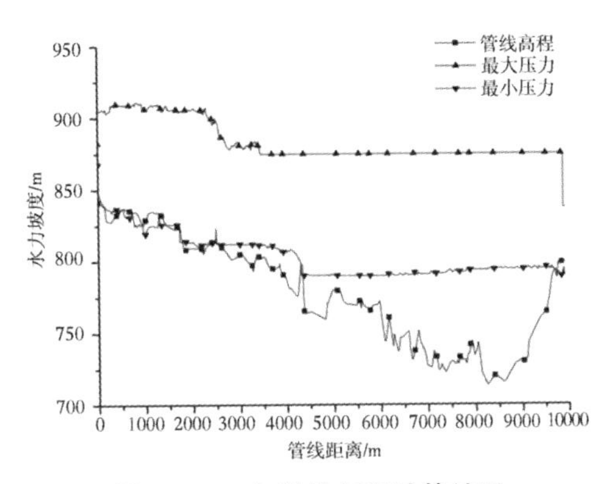

图 10.24　加装排气阀计算结果

通过上述对开阀（3）类开阀工况分析，末端流量调节阀门不动作，环境灌溉调流阀开启时，最大压力和最小压力均在合理范围内，没有负压情况出现，不会对输水管线造成影响，对环境灌溉调流阀开启时的水锤防护效果较好。

不同运行时期粗糙系数分析：根据所有工况在不同运行时期管道粗糙系数条件下的情况，粗糙系数对于最大压力和最小压力均有影响，部分工况可能导致最大压力和最小压力均下降，部分工况可能出现最大压力增加和最小压力下降的情况。

10.3.4　第四次工况分析与改进

10.3.4.1　关阀工况分析与方案调整

通过上述对关阀（1）、（2）类工况分析，末端流量阀门关闭时间较短和较长时，对于最大压力的防护效果较好，没有出现超压现象，同时对于最小压力的防护效果也较好，出现少量负压。水库校核洪水位 874.66m、运行初期粗糙系数、按表 10.2 设备配置、末端流量调节阀 60s 从过设计流量开度关闭至 0 开度，在节点 Y0＋098.581、Y1＋066.172、Y1＋466.125 处加装排气阀，如图 10.25 所示，进排气直径为 150mm，计算结果如图 10.26 所示。单纯加装排气阀对于负压的防护效果改善不明显。

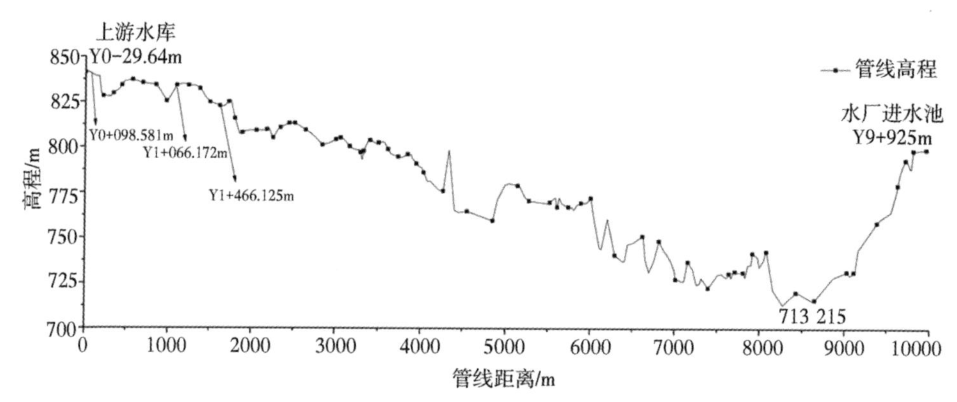

图 10.25　加装排气阀位置

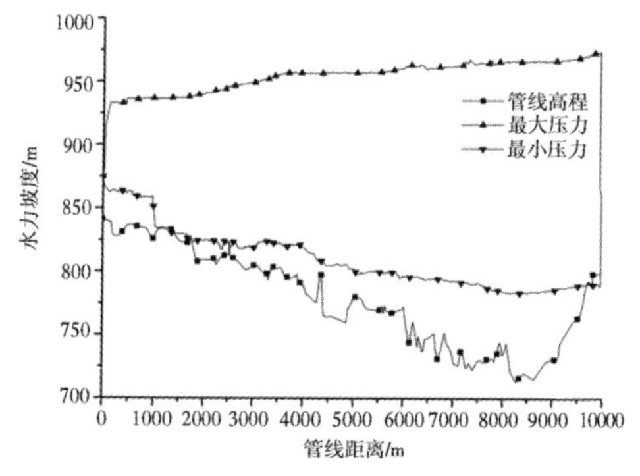

图 10.26　加装排气阀计算结果

通过上述对关阀（3）、（4）类工况分析，末端流量阀门由全开关闭至全关时，最大压力和最小压力均在有效范围内，没有超压及负压出现。水库水位较低时，最大压力和最小压力出现下降，该方案下的管线水锤防护效果较好。

通过上述对关阀（5）、（6）类工况分析，末端流量阀门不动作，环境灌溉阀门关闭时，该方案下的水锤防护效果良好，水库高水位是没有负压出现，低水位时仅在进口小段管线出现少量负压，但没有超过限度。

通过上述对关阀（7）类工况分析，末端流量阀门不动作及环境灌溉阀门不动作，Y5＋976.526 处检修阀关闭时，水锤防护效果较好，1100～2500m 位置出现少量负压。对其进行改进，换用 Y2＋485 及 Y8＋040.885 处检修阀门关闭，进行计算分析结果如图 10.27 所示，距离进水口越近的检修阀关闭会恶化负压现象，靠近出水口处检修阀关闭对负压的防护效果较好。

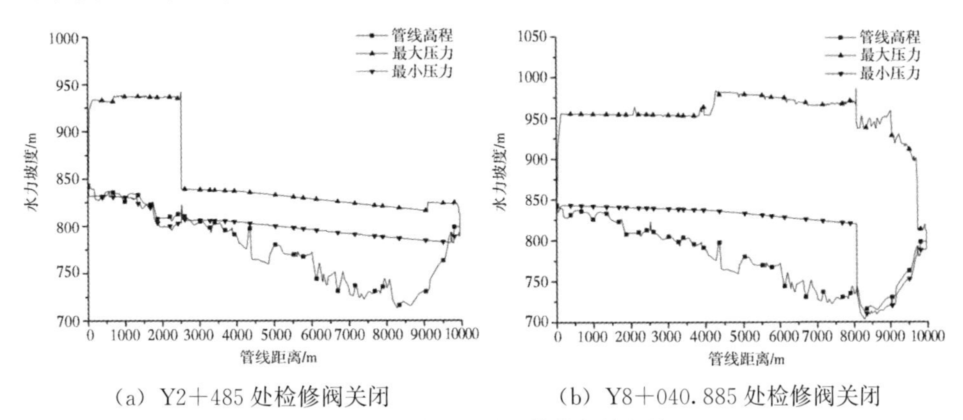

图 10.27 更换不同位置检修阀关闭结果

10.3.4.2 开阀工况分析与方案调整与运行粗糙度分析

根据上述对开阀（1）、（2）类末端流量调节阀开阀工况分析，表 10.2 设置方案对于管线的最大压力防护效果良好，但是在靠近进水口管道出现负压情况较多，应该进行改进。水库校核洪水位 874.66m、运行初期粗糙系数、按表 10.2 设备配置、末端流量调节阀 60s 从 0 开度开阀至过设计流量开度。在节点 Y0＋722.181、Y2＋660.110、Y4＋020.943 处加装排气阀，如图 10.28 所示，进排气直径为 150mm，计算结果如图 10.29 所示，对于负压的防护效果有所改善，但是在管线前段依然存在部分较严重的负压出现，因此该方案还需改进。

通过上述对开阀（3）类开阀工况分析，末端流量调节阀门不动作，环境灌溉调流阀开启时，最大压力和最小压力均在合理范围内，没有负压情况出现，

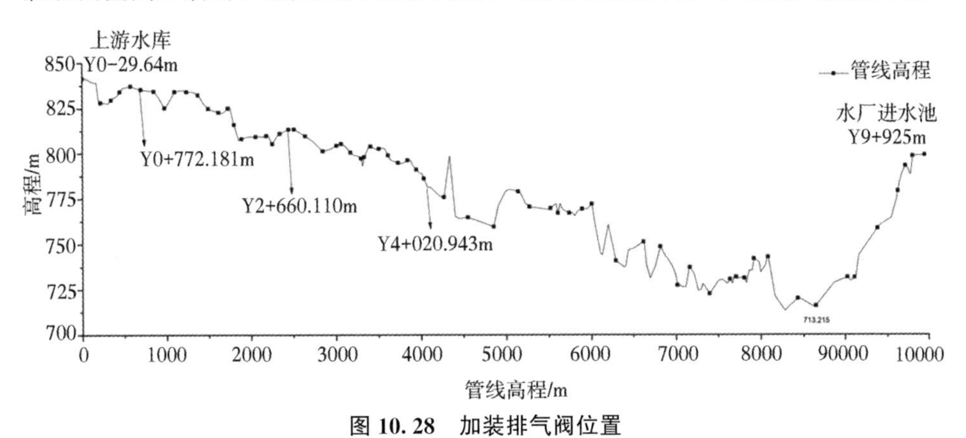

图 10.28 加装排气阀位置

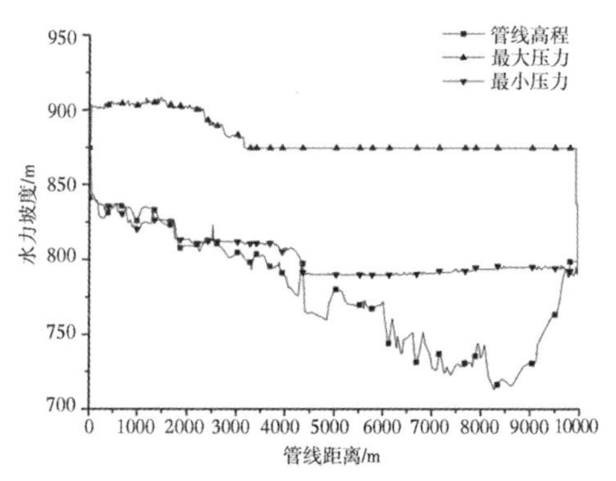

图 10.29　加装排气阀计算结果

不会对输水管线造成影响，对环境灌溉调流阀开启时的水锤防护效果较好。

不同运行时期粗糙系数分析：根据所有工况在不同运行时期管道粗糙系数条件下的情况，粗糙系数对于最大压力和最小压力均有影响，部分工况可能导致最大压力和最小压力均下降，部分工况可能出现最大压力增加和最小压力下降的情况。

10.4　本章小结

本章以某电站水库扩容工程为水源对吸排气阀在重力流供水管道水锤控制计算进行了具体方案的对比分析。先以初始拟订方案为例，计算了在初拟布置下的稳态、瞬态开阀和瞬态关阀运行工况。根据运行工况中的计算结果，依次进行了四次方案计算分析，通过吸排气阀安装与位置的调整，完善了管路的工况特性，消除了水锤的危险性风险，为工程应用提供了翔实有效的理论与方法参考。

第11章　总　结

随着我国工业化和城市化进程的加快与深入，各地区各行业对于水资源的需求量也日益增长。同时由于地域、时域和其他因素的限制，许多地区的水资源缺口依然很大。为了解决水资源不均衡问题，长距离输水工程应运而生，并得到广泛应用和快速发展，取得了非常显著的成效。在输水管路中，水锤问题一旦出现，非常容易造成管道爆裂，或管道由于内外压差被压坏等事故，严重干扰正常的生产生活秩序；所以输水管路中的水锤问题不仅严重影响了输水工程的安全，同时也制约了输水工程的进一步发展。因此采取合理的管控措施，对管路中水锤的压力情况进行控制，对确保输水工程的安全与稳定，具有非常重要的意义。

吸排气阀作为重要的水锤防护设备，由于其特有的优势，被广泛运用于输水管道中。在工程应用中，通常根据经验进行吸排气阀的选型和布置；但由于各厂家生产标准不统一，相同型号吸排气阀其水锤防护效果存在很大差异。因此有必要从吸排气阀结构特点出发，研究该结构吸排气阀进排气特性对水锤的防护效果，进而指导吸排气阀的结构设计。同时，吸排气阀浮球的吹堵和压瘪引起的事故在工程中很普遍。当在阀体内产生的高速扰动气流下，浮球受到的气动力大于浮球的重力，浮球被高速气流吹起，堵塞吸排气阀的排气口，从而导致吸排气阀失效，吸排气阀内残留的空气无法排出；另外浮球耐压等级不够，强度不足，在受力过大的情况下发生变形，吸排气阀失效。因此，有必要从吸排气阀结构特点出发，研究吸排气阀排气特性和受力分布特性，进而指导吸排气阀的结构设计。

对此，本书首先介绍了长距离输送工程及其水锤问题，分析了吸排气阀的水锤防护应用与国内外研究现状。并依次进行了吸排气阀结构与特性、设计理论和数值模拟方法的介绍与分析；并结合实验与数值仿真进行了吸排气阀吹堵特性和浮球与浮筒结构受力分析的研究与探讨。最后通过实际案例，分别介绍了吸排气外特性试验，泵能供水管路应用和重力流供水管路应用的实际性能效果与改进应用分析。全书涵盖了吸排气阀的基础结构特性介绍、设计理论与数值模拟方法，以及真实应用案例分析；为读者提供了设计与应用的方法和案例参考，同时也展示了作者在吹堵特性、浮球与浮筒受力分析以及吸排气阀选型与布置的研究与工作成果。

参考文献

［1］ 李博，金淑婷，陈兴鹏，等．改革开放以来中国人口空间分布特征——基于1982—2010年全国四次人口普查资料的分析［J］．经济地理，2016（7）：27－37.

［2］ 张晓丽，杨高升．我国供水用水的时空特征研究及政策建议［J］．武汉理工大学学报（信息与管理工程版），2020，216（01）：53－58.

［3］ 王福林．区域水资源合理配置研究——以辽宁省为例［D］．武汉理工大学，2013.

［4］ 米勇，米秋菊，钱文婧，等．我国水利建设投资分析与预测［J］．农业工程，2017，7（003）：110－112.

［5］ 钱文婧，贺灿飞．中国水资源利用效率区域差异及影响因素研究［J］．中国人口·资源与环境，2011，21（002）：54－60.

［6］ 王京晶，蒋之宇，吴川东．中国水资源开发利用现状的问题及解决对策［J］．居舍，2018，13：197－198.

［7］ 周琳，李勇．我国的水污染现状与水环境管理策略研究［J］．环境与发展，2018，30（4）：51－52.

［8］ 王霏霏．我国农村水污染现状及治理对策［J］．乡村科技，2018，191（23）：113－115.

［9］ 王林．大规模 长距离 跨流域调水的利弊分析［J］．中国水运（下半月），2014，（9）：257－258.

［10］ 沈金娟．长距离输水管道进排气阀的合理选型及防护效果研究［D］．太原理工大学，2013.

［11］ 朱晓璟．长距离大型区域重力流输水系统水锤防护计算研究［D］．长安大学，2009.

［12］ 冯志国．刍议大连市备用水源地保护与经济建设如何协调发展［J］．黑龙江水利科技，2014，000（002）：170－171.

［13］ 孙万光，李成振，姜彪．水库群供调水系统实时调度研究［J］．水科学进展，2016，027（001）：128－38.

［14］ 张贵民，段志强，牛晓东．跨流域调水工程运行管理模式探讨［J］．山东水利，2017，01：29－30＋32.

［15］ 王晓东．浅谈长距离输水管道工程中调流阀的应用［J］．水利建设与管理，2017，37（02），77－79.

［16］ 李志鹏，王祺武，朱慈东，等．基于阀门关闭策略的重力流管路水锤控制分析［J］.

长沙理工大学学报（自然科学版），2020，17（2）：75－83.

[17] 黄源，赵明，张清周. 输配水管网系统中关阀水锤的优化控制研究 [J]. 给水排水，2017（2）：123－127.

[18] 董茹，杨玉思，葛光环. 关阀程序对分支线重力流输水系统水锤升压的影响 [J]. 中国给水排水，2016，032（011）：50－54.

[19] 徐放，李志鹏，邹顺利，等. 高扬程泵站停泵水锤防护措施的比较与分析 [J]. 给水排水，2017（12）：106－110.

[20] 刘亚萌，蒋劲，李婷. 基于多目标粒子群算法的停泵水锤防护优化 [J]. 中国农村水利水电，2017（06）：162－167

[21] Feng T，Zhang D，Song P. Numerical research on water hammer phenomenon of parallel pump-valve system by coupling FLUENT with RELAP5 [J]. Annals of Nuclear Energy，2017，109：318－326.

[22] 金锥，姜乃昌，汪兴华. 停泵水锤及其防护 [M]. 北京：中国建筑工业出版社，2004.

[23] 王学芳. 工业管道中的水锤 [M]. 北京：科学出版社，1995.

[24] 龙侠义. 输配水管线水锤数值模拟与防护措施研究 [D]. 重庆大学，2013.

[25] 陈卫. 大流量，高扬程，长距离供水泵站水锤防护措施 [J]. 四川建材，2020，236（04）：177－179.

[26] 董茹，杨玉思，葛光环. 长距离加压输水工程停泵水锤防护方案对比研究 [J]. 给水排水，2016，3：119－121.

[27] 金玲. 城市供水系统安全性的思考 [J]. 建筑工程技术与设计，2014，(12)：505.

[28] 王祺武，李志鹏，朱慈东，等. 重力流输水管路阀门调节与水锤控制分析 [J]. 流体机械，2020，48（6）：38－43.

[29] Riasi A，Nourbakhsh A，Raisee M. Unsteady Velocity Profiles in Laminar and Turbulent Water Hammer Flows [J]. Journal of Fluids Engineering，2009，131（12）：121－202.

[30] 郑大琼，沈康，王念慎. “非常水锤”的发生条件及预防措施 [J]. 中国电力，2002（09）：20－3.

[31] 刘海波. 管线工程调压设施比选 [J]. 陕西水利，2017，000（004）：126－127.

[32] 尚鹏. 调压塔在有压管道水力过渡过程中的水锤防护作用 [J]. 科技风，2017，000（018）：254－255.

[33] 梁兴. 基于正交试验的单向调压塔结构优化研究 [J]. 给水排水，2015，51（02），97－100.

[34] 庄文建. 调压塔对长输管线水击压强消减作用 [J]. 科技风，2017，000（018）：139－140.

[35] 黄玉毅，李建刚，符向前. 长距离输水工程停泵水锤的空气罐与气阀防护比较研究 [J]. 中国农村水利水电，2014，(08)，186－188＋192.

[36] 李志鹏，邹顺利，徐放，等. 大口径管道供水系统水锤模拟与防护 [J]. 长沙理工大学学报（自然科学版），2016，12（4）：74－79.

[37] 白绵绵，赵娟，李轶亮. 弓背形高扬程泵站负压水锤防护研究 [J]. 陕西水利，2017，(4)：51－53.

[38] 王祺武，李志鹏，朱慈东，等. 基于双阀调节的重力流管路水锤控制分析 [J]. 中国给水排水，2020，36（9）：52－58.

[39] 王航. 不同类型调压塔在有压管道水力过渡过程中的水锤防护作用分析研究 [D]. 长安大学，2012.

[40] 邓利安，蒋劲，兰刚，等. 长距离输水工程停泵水锤的空气罐防护特性 [J]. 武汉大学学报：工学版，2015，48：402－406.

[41] 徐放，李志鹏，王东福. 水锤防护空气阀研究综述 [J]. 流体机械，2018，046（006）：33－38.

[42] 徐燕，李江，黄涛. 空气阀口径和型式对压力管线水锤防护的影响 [J]. 水利与建筑工程学报，2020，89（01）：241－247.

[43] 李小周，朱满林，陶灿. 空气阀型式对压力管道水锤防护的影响 [J]. 排灌机械工程学报，2015，33（007）：599－605.

[44] 李琨，吴建华，刘亚明. 空气罐对泵站水锤的防护效果研究 [J]. 人民长江，2020，051（002）：200－204.

[45] 翟雪洁，王玲花. 长距离有压调水工程空气罐水锤防护研究进展 [J]. 浙江水利水电学院学报，2020（1）：15－18.

[46] 王思琪，俞晓东，倪尉翔. 长距离供水工程空气罐调压塔联合防护水锤 [J]. 排灌机械工程学报，2019，37（005）：406－412.

[47] WAN W，ZHANG B. Investigation of Water Hammer Protection in Water Supply Pipeline Systems Using an Intelligent Self-Controlled Surge Tank [J]. Energies，2018，11（6）：1450.

[48] 曲兴辉. U型管结构双向水力调压塔模型试验及应用探讨 [J]. 给水排水，2014，000（012）：104－108.

[49] 梁兴. 基于正交试验的单向调压塔结构优化研究 [J]. 给水排水，2015，000（002）：97－100.

[50] 李楠，张健，石林. 空气罐与超压泄压阀联合水锤防护特性 [J]. 排灌机械工程学报，2020，(3)：254－260.

[51] 刘亚明，杨德明，高洁. 液控蝶阀和超压泄压阀对水锤联合防护效果分析 [J]. 人民长江，2017，48（18），96－99.

[52] 高将. 超压泄压阀和调压塔在长距离输水管道水锤防护中的应用分析研究 [D]. 长安大学，2012.

[53] Streeter V L. Transient Cavitating Pipe Flow [J]. Journal of Hydraulic Engineering，1983，109（11）：1407－1423.

[54] Parmakiam J. Waterhammer Analysis [M]. Prentice-Hall，1955.

[55] Streeter，Victor L. Fluid transients [M]. Fluid transients. McGraw-Hill International Book Co.. 1978.

[56] 秋元德三. 水击与压力脉动 [M]. 电力工业出版社，1981.

[57] Wood D J，Lingireddy S，Boulos P F. Numerical methods for modeling transient flow in distribution systems [J]. Journal，2005，97 (7)：104－115.

[58] Wood D J. Waterhammer analysis—essential and easy (and efficient) [J]. Journal of Environmental Engineering，2005，131 (8)：1123－1131.

[59] Jung B S，Boulos P F，Wood D J，et al. A Lagrangian wave characteristic method for simulating transient water column separation [J]. Journal—American Water Works Association，2009，101 (6)：64－73.

[60] Dhandayudha pa ni Ramalingam，Srinivasa Lingireddy，Don J Wood. Using the WCM for transient modeling of water distribution networks [J]. American Water Works Association. Journal，2009，101 (2)：75－90.

[61] Ghodhbani A，Hadj-Taïeb E. Numerical Coupled Modeling of Water Hammer in Quasi-rigid Thin Pipes [M]. Berlin：Design and Modeling of Mechanical Systems，2013.

[62] Henclik S. A numerical approach to the standard model of water hammer with fluid-structure interaction [J]. Journal of Theoretical & Applied Mechanics，2015，53 (3)：543－555.

[63] Nault J D，Karney B W，Jung B. Algebraic water hammer：Global formulation for simulating transient pipe network hydraulics [C] //World Environmental and Water Resources Congress 2016. 2016：191－201.

[64] Kodura A，Stefanek P，Weinerowska-Bords K. An experimental and numerical analysis of water hammer phenomenon in slurries [J]. Journal of Fluids Engineering，2017，139 (12)：00.

[65] Yao E，Kember G，Hansen D. Analysis of water hammer attenuation in the Brunone model of unsteady friction [J]. Quarterly of Applied Mathematics，2014，72 (2)：281－290.

[66] Yao E，Kember G，Hansen D. Analysis of water hammer attenuation in applications with varying valve closure times [J]. Journal of Engineering Mechanics，2015，141 (1)：04014107.

[67] Lashkarbolok M. Fluid-structure interaction in thin laminated cylindrical pipes during water hammer [J]. Composite Structures，2018，204：912－919.

[68] Inaba K，Kamijukkoku M，Takahashi K，et al. Transient behavior of water hammer in a two-pipe system [C] //Pressure Vessels and Piping Conference. American Society of Mechanical Engineers，2013，55683：V004T04A010.

[69] 怀利，斯特里特. 瞬变流 [M]. 北京：水利电力出版社，1983.
[70] 王树人. 水击理论与水击计算 [M]. 北京：清华大学出版社，1981.
[71] 刘竹溪，刘光临. 泵站水锤及其防护 [M]. 北京：水利电力出版社，1988.
[72] 吕岁菊，冯民权，李春光. 泵输水管线水锤数值模拟及其防护研究 [J]. 西北农林科技大学学报（自然科学版），2014，42（9）：219-226.
[73] Iglesias-Rey P L，Fuertes-Miquel V S，García-Mares F. Comparative Study of Intake and Exhaust Air Flows of Different Commercial Air Valves [J]. Procedia Engineering，2014，89（0）：1412-1419.
[74] Ismaier A，Schluecker E. Fluid dynamic interaction between water hammer and centrifugal pumps [J]. Nuclear Engineering & Design，2009，239（12）：3151-3154.
[75] Singh R K，Sinha S K，Rao A R. Study of incident water hammer in an engineering loop under two-phase flow experiment [J]. Nuclear Engineering And Design，2010，240（8）：1967-1974.
[76] 郑源，薛超，周大庆. 设有复式空气阀的管道充、放水过程 [J]. 排灌机械工程学报，2012，30（001）：91-96.
[77] 刘梅清，梁兴，刘志勇. 长管道事故停泵水锤现场测试与信号分析 [J]. 排灌机械工程学报，2012，30（003）：249-253.
[78] Bergant A，Tijsseling A S，Vitkovsky J P. Parameters affecting water-hammer wave attenuation，shape and timing—Part 1：Mathematical tools [J]. Journal of Hydraulic Research，2008，46（3）：373-381.
[79] 许兰森. 输水管线水锤模拟与防护研究 [D]. 重庆大学，2015.
[80] 吴建华，魏茹生，赵海生. 缓闭式蝶阀消除水锤效果仿真及试验研究 [J]. 系统仿真学报，2008，03）：37-40+3.
[81] 张健，朱雪强，曲兴辉. 长距离供水工程空气阀设置理论分析 [J]. 水利学报，2011，042（009）：1025-1033.
[82] 周广钰，吴辉明，金喜来. 某长距离管道输水工程停泵水锤安全防护研究 [J]. 人民黄河，2015，10）：123-127.
[83] 柯勰. 缓闭式空气阀在调水工程中的水锤防护效果研究 [D]. 浙江大学建筑工程学院 浙江大学，2010.
[84] OKULOV V L，Sørensen J. Maximum efficiency of wind turbine rotors using Joukowsky and Betz approaches [J]. Journal of Fluid Mechanics，2010，649（649）：497-508.
[85] Frizell J P. Pressures resulting from changes of velocity of water in pipes [J]. Transactions of the American Society of Civil Engineers，1898，39（1）：1-7.
[86] Daily J，Pendlebury J，Langley K. Catastrophic Cracking Courtesy of Quiescent Cavitation [J]. Physics of Fluids，2014，26（9）：51-68.
[87] Vardy A E，Brown J M. Approximation of turbulent wall shear stresses in highly

transient pipe flows [J]. Journal of Hydraulic Engineering，2007，133（11）：1219－1228.

[88] Zhao M，Ghidaoui M S. Efficient quasi-two-dimensional model for water hammer problems [J]. Journal of Hydraulic Engineering，2003，129（12）：1007－1013.

[89] Li G，Baggett C C，Rosario R A. Air/vacuum valve breakage caused by pressure surges—Analysis and solution [C] //World Environmental and Water Resources Congress 2009：Great Rivers. 2009：1－10.

[90] Carlos M，Arregui F，Cabrera E. Understanding air release through air valves [J]. Journal of Hydraulic Engineering，2011，137（4）：461－469.

[91] Oscar C H，Vicente F M，Mohsen B. Experimental and Numerical Analysis of a Water Emptying Pipeline Using Different Air Valves [J]. Water，2017，9（2）：98.

[92] Balacco G，Apollonio C，Piccinni A F. Experimental analysis of air valve behaviour during hydraulic transients [J]. Journal of Applied Water Engineering and Research，2015，3（1）：3－11.

[93] Apollonio C，Balacco G，Fontana N. Hydraulic Transients Caused by Air Expulsion During Rapid Filling of Undulating Pipelines [J]. Water，2016，8（1）：25.

[94] Fuertes-Miquel V S，López-Jiménez P A，Martínez-Solano F J，et al. Numerical modelling of pipelines with air pockets and air valves [J]. Canadian Journal of Civil Engineering，2016，43（12）：1052－1061.

[95] 靳卫华，李志鹏，秦武，等. 排气阀的结构特点与应用研究 [J]. 给水排水，2008.7.34（7）：112－115.

[96] 李志鹏，张程钞，任羽皓，等. 基于自力控制阀的水锤控制 [J]. 长沙理工大学学报（自然科学版），2016，12（4）：74－79.

[97] 葛光环，寇坤，张军. 断流弥合水锤最优防护措施的比较与分析 [J]. 中国给水排水，2015，031（001）：52－55.

[98] 杨开林，石维新. 南水北调北京段输水系统水力瞬变的控制 [J]. 水利学报，2005，36（010）：1176－1182.

[99] 刘竹青，毕慧丽，王福军. 空气阀在有压输水管路中的水锤防护作用 [J]. 排灌机械工程学报，2011，29（004）：333－337.

[100] 刘志勇，刘梅清. 空气阀水锤防护特性的主要影响参数分析及优化 [J]. 农业机械学报，2009，40（6）：85－89.

[101] MARTINO G D，FONTANA N，GIUGNI M. Transient Flow Caused by Air Expulsion through an Orifice [J]. Journal of Hydraulic Engineering，2008，134（9）：1395－1399.

[102] ZHOU F，HICKS F，STEFFLER P. Transient flow in a rapidly filling horizontal pipe containing trapped air [J]. Journal of Hydraulic Engineering，2002，128（6）：625－634.

[103] John D M . AWWA MANUAL OF WATER SUPPLY PRACTICES：M57. 1ST ED [J]. Journal of Phycology，2011，47 (4)：00.

[104] KIM S H. Design of surge tank for water supply systems using the impulse response method with the GA algorithm [J]. Journal of Mechanical Science & Technology，2010，24 (2)：629 - 636.

[105] 沈金娟. 长距离有压输水系统空气阀排气流量系数研究 [J]. 山西水利科技，2012，02)：5 - 6.

[106] De Lucca Y F L，de Aquino G A. Experimental apparatus to test air trap valves [C] //IOP Conference Series：Earth and Environmental Science. IOP Publishing，2010，12 (1)：012101.

[107] Wu Y，Xu Y，Wang C. Research on air valve of water supply pipelines [J]. Procedia Engineering，2015，119：884 - 891.

[108] 胡建永，张健，索丽生. 长距离输水工程中空气阀的进排气特性研究 [J]. 水利学报，2007，000 (0S1)：345 - 350.

[109] BERGANT A，KRUISBRINK A，ARREGUI DE LA CRUZ F. Dynamic behaviour of air valves in a large-scale pipeline apparatus [J]. Journal of Mechanical Engineering，2012，58 (4)：225 - 237.

[110] 胡建永，方杰. 供水工程空气阀的设置分析 [J]. 人民长江，2013，044 (019)：9 - 11，31.

[111] 高洁，吴建华，刘春烨，等. 庄头泵站供水工程进排气阀的选型计算与分析 [J]. 人民黄河，2017，39 (09)：95 - 98.

[112] 郭永鑫，张弢，徐金鹏. 空气阀气液两相动态特性研究综述 [J]. 南水北调与水利科技，2018，016 (006)：148 - 156.

[113] 高洁，刘亚明，杨德明. 长距离供水系统中空气阀的进排气特性参数研究 [J]. 水电能源科学，2017，35 (08)：172 - 174.

[114] 高洁，刘亚明，杨德明. 供水管网空气阀进排气过程中的流通面积计算与分析 [J]. 水电能源科学，2018，36 (02)：167 - 170.

[115] 王玲，王福军，黄靖，等. 安装有空气阀的输水管路系统空管充水过程瞬态分析 [J]. 水利学报，2017，48 (10)：1240 - 1249.

[116] 徐放，李志鹏，张明. 空气阀内部结构优化与水锤防护分析 [J]. 给水排水，2017，43 (010)：99 - 103.

[117] 张明，李志鹏，廖志芳. 空气阀缓冲阀瓣对水锤防护效果分析 [J]. 给水排水，2018，54 (10)：107 - 111.

[118] 张国华，陈乙飞，杨力. 长输管线空气阀设计选型对停泵水锤的重大影响 [J]. 水电站机电技术，2015，000 (005)：54 - 59.

[119] 郭伟奇，吴建华，李娜，等. 供水管网中空气阀优选及水锤模拟 [J]. 水电能源科学，2018，36 (07)：149 - 152.

[120] 石建杰，邱象玉，康军强．泵站系统管路负压的消除措施分析［J］．人民黄河，2016，38（04）：117-120.

[121] 张宏祯，李燕辉，蒋劲．充水速度对空气阀驼峰管段水力特性的影响［J］．中国农村水利水电，2019，No.445（11）：177-81+92.

[122] 褚志超，吴建华，郭伟奇．空气阀进排气流量系数对停泵水锤的敏感性研究［J］．水电能源科学，2019，037（005）：152-155.

[123] 谢忱，闫士秋，杨丙利．某输水管道空气阀布置方式和形式优化研究［J］．水利技术监督，2020，No.154（02）：251-254.

[124] 郭伟奇，吴建华，李娜．空气阀数学模型及排气性能研究［J］．人民长江，2019，50（03）：215-219.

[125] 李元生．防水锤复合式空气阀的设计研究［D］．兰州理工大学，2017.

[126] 韩建军，张天天，陈立志，等．大落差重力输水工程关阀控制对水锤防护效果［J］．水利天地，2015（02）：4-6.

[127] 高金良，王天姗，刁美玲．可变径的空气阀［P］．黑龙江：CN103742685A，2014-04-23.

[128] 黄靖，欧立涛，桂新春，等．一种带检修过滤反清洗功能的空气阀组［P］．湖南省：CN107789913B，2020-07-07.

[129] 黄靖，罗建群，谢爱华，等．一种自带检修的快吸缓排式空气阀［P］．湖南省：CN107990034B，2021-01-12.

[130] 王华梅．FGP4X型复合式高速进排气阀在给水管道中的作用及在山城重庆的使用案例［J］．科技视界，2018，240（18）：169-170.

[131] 李玉琪．单口自动高速进排气阀的改造［J］．中国农村水利水电，2000（12）：16-17.

[132] 唐剑锋，谢买祥，殷建国．动力式高速进排气阀［J］．阀门，2006（06）：1-4+12.

[133] 刘宇峰，刘涌．动力式高速进排气阀的性能与应用［J］．中国给水排水，2007，023（020）：107-108.

[134] 黄靖，桂新春，欧立涛，等．一种带监测系统的防水锤空气阀［P］．湖南省：CN109210269B，2021-05-14.

[135] 李习洪，詹小华，张梅华．一种空气阀的在线监控方法及系统［P］．湖北省：CN110220041A，2019-09-10.

[136] 王芳．长距离输水管道空气阀参数优化研究［D］．哈尔滨工业大学，2013.

[137] 韩建军，张天天，陈立志，等．大落差重力输水工程关阀控制对水锤防护效果［J］．黑龙江水利，2015（2）：4-6.

[138] 安荣云．微量排气阀在长距离输水管线上的应用［J］．科技创新导报，2014（03）：79.

[139] 李海心．AWWA M51对给水管线排气阀设置及选用的借鉴［J］．科学技术创新，

2019 (05): 144－145.
[140] 常永红，廖志芳，王荣辉，等. 一种自带过滤功能的微量排气阀 [P]. 天津: CN207609832U，2018－07－13.
[141] 蒋应喜，杨晶，张小龙，等. 一种泵用吸气阀 [P]. 陕西省: CN211819858U，2020－10－30.
[142] 王华梅. GP新型双孔复合式高速进排气阀特点和应用 [J]. 科技视界，2018 (19): 41－42.
[143] 梁佩宇，肖睿书，莫涛涛. 采用高速进排气阀防止给水管网爆管事故 [J]. 中国建筑金属结构，2013 (23): 80－82.
[144] 张彦平. 气缸式排气阀在输水管线改造中的应用 [J]. 中国给水排水，2007 (04): 23－25.
[145] 常永红，廖志芳，李志鹏，等. 一种具有独特设计浮球的高速进排气阀 [P]. 天津: CN206093171U，2017－04－12.
[146] 廖志芳，常永红，李志鹏，等. 一种自带防水锤装置的高速进排气阀 [P]. 天津: CN206093179U，2017－04－12.
[147] 樊建军，胡晓东，石明岩. 复合式排气阀用于长距离输水系统水锤防护 [J]. 广州大学学报（自然科学版），2010，9 (01): 57－61.
[148] 徐放. 输水管路空气阀结构参数与水锤防护效果研究 [D]. 长沙理工大学，2018.
[149] 廖志芳，常永红，李志鹏，等. 一种具有多级微量排气阀的高速进排气阀 [P]. 天津: CN206093155U，2017－04－12.
[150] 胡建永，张健，索丽生. 长距离输水工程中空气阀的进排气特性研究 [J]. 水利学报. 2007，(S1): 340－345
[151] 沈位道，童钧耕. 工程热力学（第四版）[M]. 北京: 高等教育出版社，2007.
[152] Wylie E B，Streeter V L，Suo L. Fluid transients in systems [M]. Englewood Cliffs，NJ: Prentice Hall，1993.
[153] Streicher W . Minimising the risk of water hammer and other problems at the beginning of stagnation of solar thermal plants — a theoretical approach [J]. Solar Energy，2000，69 (supp—S6): 187－196.
[154] 徐放，李志鹏，李豪，等. 缓闭式空气阀口径和孔口面积比对停泵水锤防护的影响 [J]. 流体机械，2018，46 (03): 28－33.
[155] 柯勰. 缓闭式空气阀在调水工程中的水锤防护效果研究 [D]. 浙江大学，2010.
[156] 徐放，李志鹏，王荣辉，等. 空气阀口径对有压管道停泵水锤的防护研究 [J]. 中国给水排水，2020. 3，36 (5): 52－55.
[157] 陈东阳，顾超杰，芮筱亭. 基于ANSYS Workbench的工程力学教学探索 [J]. 科技资讯，2020，18 (11): 79－81＋84.
[158] 郭洪锍. 基于ANSYS软件的有限元法网格划分技术浅析 [J]. 科技经济市场，2010 (04): 29－30.

[159] 高芬. 316L表面涂层制备及超临界水中腐蚀性能研究 [D]. 西安理工大学，2018.
[160] 赵磊，莫春立，杨樨. 不锈钢304球形压力容器试压过程有限元模拟 [J]. 沈阳航空航天大学学报，2018，35 (01)：56－59.
[161] 杨智强，起华荣，吕潍威，等. 304L不锈钢等径角挤压有限元模拟研究 [J]. 铸造技术，2020，41 (05)：490－494.
[162] 苏月娟，李建红. 国家标准《工业阀门压力试验》(GB/T13927—2008) 的分析 [J]. 阀门，2010 (02)：35－36.
[163] 张继伟，彭林，王剑，等. 一种空气阀进气性能测试装置以及测试方法 [P]. 安徽省：CN107014598A，2017－04－21.